29

# Serviço Social e meio ambiente

EDITORA AFILIADA

**Dados Internacionais de Catalogação na Publicação (CIP)**
**(Câmara Brasileira do Livro, SP, Brasil)**

Serviço Social e meio ambiente / José Andrés Domínguez Gómez, Octávio Vázquez Aguado, Alejandro Gaona Pérez, (orgs.) ; tradução de Silvana Cobucci Leite ; revisão técnica de Marcos Reigota. – 4. ed. – São Paulo, Cortez, 2011.

Vários autores.
Título original: Trabajo social y medio ambiente.
ISBN 978-85-249-1102-6

1. Ecologia social 2. Educação ambiental 3. Meio ambiente 4. Serviço social I. Domíngues Gomez, José Andrés. II. Vázquez Aguado, Octávio. III. Gaona Pérez, Alejandro.

05-0048 CDD-361.32

**Índices para catálogo sistemático:**

1. Meio ambiente e serviço social 361.32
2. Serviço social e meio ambiente 361.32

J. Andrés Domínguez Gómez
Octavio Vázquez Aguado
Alejandro Gaona Pérez
(Orgs.)

# Serviço Social e meio ambiente

4ª edição

Tradução de
**Silvana Cobucci Leite**

Revisão técnica de
**Marcos Reigota**

Título original: *Trabajo Social y Medio Ambiente*
José Andrés Dominguez Gómez; Octavio Vázquez Aguado; Alejandro Gaona Pérez (organizadores)



*Capa:* DAC
*Preparação de originais:* Sandra Valenzuela
*Revisão:* Maria de Lourdes de Almeida
*Composição:* Dany Editora Ltda.
*Secretaria editorial:* Flor Mercedes Arriagada
*Assessoria editorial:* Elisabete Borgianni
*Coordenação editorial:* Danilo A. Q. Morales



Direitos para esta edição
CORTEZ EDITORA
Rua Monte Alegre, 1074 — Perdizes
05014-001 — São Paulo-SP
Tel.: (11) 3864-0111 Fax: (11) 3864-4290
E-mail: cortez@cortezeditora.com.br
www.cortezeditora.com.br

Impresso no Brasil – junho de 2011

# Sumário

# Prefácio

*Marcos Reigota*

Um dos grandes méritos da problemática ambiental tem sido provocar análises e possibilidades apresentadas às diversas áreas do conhecimento. Assim, é bem-vindo este livro, que mostra como o serviço social se posiciona·em relação ao tema e abre novos questionamentos.

O serviço social tem uma longa história de intervenção visando atender as camadas excluídas e marginalizadas. Seu profundo compromisso com a justiça social, aqui novamente explicitado e revigorado, encontra eco e aliados entre aqueles e aquelas que procuram estabelecer cumplicidades visando a construção de conhecimentos para uma sociedade sustentável. Pensar a sustentabilidade sem pensar a justiça social, me parece, no mínimo, inadequado. São duas orientações políticas e teóricas que tendem, inevitavelmente, a se complementar e para isso é necessário um profundo esforço que passa pela difusão das tentativas que estão sendo feitas.

Os artigos aqui reunidos, nos chegam da Espanha e foram apresentados no I Congresso de Serviço Social e Meio Ambiente realizado no ano de 2000 na Universidade de Huelva.

Mostram-nos, num primeiro momento, as mesmas questões epistemológicas que são comuns a todos nós: a necessidade de se incluir o social no ecológico e vice-versa. Apesar dos inúmeros avanços conseguidos, ainda é muito comum a necessidade de se explicitar que o ecológico não exclui nem ignora o social, embora o sentido contrário nem sempre seja recíproco, ou seja, são inúmeros os estudos e análises sociológicas, políticas e econômicas, onde as questões ambientais são simplesmente deixadas de lado.

Percebemos também a tentativa de se discutir e construir uma outra identidade para os/as assistentes sociais profundamente relacionada com a perspectiva de educadores ambientais.

A experiência acumulada pelos/pelas assistentes sociais com as camadas excluídas e marginalizadas é de fundamental importância para o desenvolvimento da perspectiva da educação ambiental como educação política, de intervenção, participação e voltada para a construção de uma sociedade justa e sustentável.

A aproximação dos/das assistentes sociais com o campo da educação ambiental não só é bem-vinda, como também é necessária e pertinente. Entre nós, educadores ambientais, os/as assistentes sociais poderão ter contato e dialogar com um conhecimento socioambiental específico, diferentes tipos de intervenção e um acúmulo de argumentos e experiências pedagógicas consideráveis.

Os textos, que se referem especificamente às experiências de intervenção na Espanha, revelam-nos o lado sombrio das sociedades de abundância.

Se pode parecer um pouco precipitado incluir a Espanha nos patamares das sociedades de abundância, no entanto devemos considerar que este país caminha a passos largos para isso e tendo de resolver problemas que só aparentemente, por lá, não existem. Com essas experiências, podemos observar como a sociedade espanhola se organiza, se solidariza e se questiona. Fica evidente que o papel dos/das assistentes sociais não fica relegado apenas à sua competência técnica, mas também e principalmente ao seu crescente compromisso político. Qual o papel da universidade na formação do/da assistente social nesse novo contexto? Creio que essa questão tem sido feita tanto na Espanha quanto no Brasil, e um esforço coletivo, um diálogo entre nós (espanhóis, brasileiros e quem mais quiser participar) é fundamental e, provavelmente, este livro o esteja inaugurando.

Que os textos aqui publicados não sejam lidos como modelos e idéias importadas. Embora ainda muito freqüente, a importação descontextualizada de idéias tende a não frutificar em espaços acadêmicos e políticos onde a perspectiva dialógica freiriana não é apenas um *slogan* bem intencionado, mas sim uma prática e uma busca vivenciada cotidianamente.

Não é por acaso, que um dos mais arrojados edifícios do campus da Universidade de Huelva recebe o nome de Paulo Freire. Como me disse José Andrés Domínguez Gómez *"al hacer física su presencia* (de Paulo Freire) *en el campus, deseamos que su actitud inspirase a la comunidad que trabaja y estudia aquí"*.

A arquitetura interpreta e materializa as idéias freirianas que, de tão verdadeiras, ultrapassam fronteiras, consolidam, legitimam reivindicações e apostam na utopia de que um outro mundo é possível. Foi assim que li/vivenciei esses textos e é por essa trilha que convido os/as leitores/leitoras brasileiros/brasileiras.

Sorocaba, 16 de agosto de 2004.

# A prática da ecologia social: a necessidade de integrar o social e o ecológico

*Ana Carmem Irigalba**

Muitas pessoas (sobretudo alguns cientistas sociais) consideram uma indiscutível *evidência* a proposta de integrar o "social" e o "ecológico". Entretanto, essa não é uma proposta aceita tão comumente, nem tão generalizada como seria de esperar.

Ainda estudamos, analisamos e nos referimos, por um lado, ao "ecológico", à natureza, ao meio ambiente etc., e, por outro, ao "social", à cultura, às representações sociais, aos valores, às crenças etc.

Embora essa divisão analítica possa ter sido funcional e útil, não é contudo correta ou realista nem tampouco justa. Não é justa porque separa, divide, analisa e, sobretudo, exclui.

---

* Docente da Universidade Pública de Navarra.

As ciências sociais informam-nos que a complexidade social não é fragmentária nem se apresenta atomizada; ao contrário, é *diferenciada, multicausal, interdependente, global e integradora.*

Essa interdependência no plano social tem sua correspondência na ecologia quando se afirma que todos os organismos modificam em alguma medida os ecossistemas nos quais vivem. Tal afirmação, transposta para o campo do social, implica que os profissionais da intervenção social precisam ser muito conscientes (e conseqüentes) da *responsabilidade* que assumem ao intervir (em todas as formas em que os assistentes sociais podem fazê-lo: preventiva, corretiva, facilitadora, transformadora, reparadora etc.) na realidade social.

A necessidade de uma *conscientização* dos profissionais da intervenção social como educadores ambientais constitui, portanto, a primeira advertência, dentre as que serão feitas ao longo deste texto.

A divisão entre o "social" e o "ecológico" a que aludimos deve-se provavelmente à tradicional divisão positivista e compartimentalizada entre as ciências naturais e as ciências sociais. Embora a evolução de ambas as ciências levasse a esperar que essa divisão estivesse superada, ela constitui ainda hoje um par de óculos com o qual *vemos o mundo forçando-o* (uma postura talvez mais generalizada entre os cientistas que entre os leigos).

Em nenhum momento pretendemos dizer que isso é equivocado, se bem que, se não completarmos o argumento, isto sim levará ao erro. Em outras palavras, qualquer processo de *análise* (modelo mecânico) deve remeter-se à síntese (modelo sistêmico) integradora de seus elementos, na qual estes adquirem sentido e se aproximam mais fielmente da *realidade*. Nesse caso, integrar o "social" e o "ecológico".

Um cientista (inclusive do campo do social) possivelmente está formado (ou deformado) nesse modo de observar; contudo, poder-se-ia dizer que um "ecologista" deveria ter uma visão abrangente do mundo (do mundo físico e do mundo social). Não que, para o ecologista, o mundo constitua um pan-óptico (isso seria inocente e sem dúvida excessivo), mas deve certamente formar uma *visão conciliatória entre os interesses do mundo biofísico e o mundo social, uma aplicação do senso comum, da imparcialidade e do compromisso*. Essa visão do ecologista, não ideólogo fundamentalista militante, mas talvez idealizado, apresenta características desejáveis para os profissionais da intervenção social.

A direcionalidade dessa relação integradora (entre o "social" e o "ecológico") também merece uma reflexão prévia. O que se propõe, em primeira instância, é integrar o "social" no "ecológico", mas não devemos esquecer das possibilidades abertas pelo contrário: integrar o "ecológico" no "social".

Nossa tendência é acrescentar, à maneira de complemento, a dimensão social nas análises ecológicas, como se comentássemos ou lembrássemos que ficariam incompletas se não levassem em conta que o ser humano é mais um ser vivo e um ator chave[1].

No entanto, é mais difícil para nós, a partir das ciências sociais, introduzir o ponto de vista do ecológico em seu sentido

1. Nesse momento dizemos "mais um ser vivo" e "um ator chave" sem nos referirmos aos diferentes pontos de vista, inclusive a escolas de pensamento, segundo a posição central ou periférica, protagonista ou culpabilizante que outorgam ao ser humano no mundo e em relação a seu ambiente.

mais biofísico e realizar nossas análises contextualizadas a partir dessa perspectiva.

Uma crítica tradicional ao movimento ecologista é acusá-lo de se preocupar mais com o meio ambiente (mais adiante definiremos melhor o termo) do que com o ser humano. Assim, não é por acaso que as ciências sociais têm-se destacado (constituindo um campo de trabalho) no estudo e na intervenção em questões ambientais. Anteriormente, o campo de estudo e intervenção estava muito mais restrito a biólogos, geólogos, geógrafos, físicos, engenheiros etc.

No entanto, embora o terreno pareça fértil, não podemos nos esquecer de que a conquista de um campo de trabalho é difícil. As lutas corporativistas, em um âmbito emergente como o meio ambiente, podem ser muito duras. Portanto, para tornar convincente a nossa necessidade de intervenção do social no ambiental, precisamos primeiro nos convencer e nos munir de recursos, instrumentos e ferramentas (metodologia sociológica) que demonstrem a efetividade desta intervenção (mais adiante chegaremos à questão chave da dinamização e facilitação da participação social).

Além da causa anteriormente apontada, em relação à tradicional divisão das disciplinas científicas que herdamos, devemos assinalar que os que reproduzem continuamente essa falsa divisão são os que trabalham a partir dessas tradições científicas. Somos nós *que usamos esses óculos* que, embora nos permitam focalizar um aspecto entre todos os possíveis, ao mesmo tempo, nos fazem perder de vista outros aspectos que interagem com aquele que enfocamos.

Para evitar as conseqüências limitadoras de nossas análises, em primeiro lugar deveríamos *relativizar* nossos pontos de vista, uma vez que outros abordam essa mesma realidade, e, conseqüentemente, procurar completar e complementar nossos pontos de vista com esses outros.

Essa proposta refere-se diretamente à necessidade dos cientistas e assistentes sociais de trabalhar em *equipes multi e interdisciplinares*.

Dando continuidade a esse argumento, não podemos deixar de refletir sobre nosso papel nessas equipes profissionais. Este é um dos *momentos-chave* para integrar o "social" e o "ecológico". É uma oportunidade e uma ocasião magnífica para mostrar a outros profissionais a importância de levarem em conta a dimensão social em suas análises.

Atualmente, outros profissionais (alheios ao âmbito das ciências sociais) costumam fazer referência a essa dimensão social; contudo, somos nós, os profissionais desse campo, que devemos dotar de *rigor* a análise e a intervenção social, aplicando-o em nossa experiência cotidiana, na colaboração mutuamente enriquecedora, com outros profissionais.

Uma das dificuldades mais freqüentes no trabalho com outros profissionais e com os destinatários e beneficiários (os diferentes setores e agentes sociais) de políticas ambientais é a *linguagem*. Muitos dos termos relacionados com o meio ambiente e a educação ambiental são utilizados na linguagem cotidiana em um sentido pouco rigoroso ou, no mínimo, reducionista. A primeira tarefa a ser enfrentada pelos profissionais da intervenção social é, portanto, pedagógica ou educativa, tentando transmitir e compartilhar termos e significados comuns. Do contrário, com a ferramenta da linguagem, que nunca é inocente, contribuímos para solidificar a separação entre o "social" e o "ecológico" (mais adiante nos deteremos em esclarecimentos terminológicos).

Dizíamos, portanto, que herdamos uma maneira de analisar e intervir na realidade social e que, como profissionais, temos a responsabilidade de não reproduzir as conseqüências negativas daí decorrentes. Nossa proposta é, portanto, parar para refletir e tomar consciência de que na realidade os elementos se apresentam integrados e mutuamente relacionados. Como dizia Aldous Huxley, "a vida é relação, dar e receber sem excesso" (Dobson, 1999).

Geralmente, costumamos realizar essa pausa para reflexão ao analisar a efetividade de nossa intervenção social (falamos do ponto de vista dos cientistas e dos assistentes sociais) e quando nos damos conta de que algo nos escapou, algum elemento deixou de ser considerado.

Esse ponto não implica que não alcancemos os objetivos propostos por um planejamento projetado para intervir socialmente, mas que nem sequer consideramos em tal proposta algum dos elementos ou variáveis fundamentais que condicionaram os resultados de tal intervenção.

Isso ocorre porque nossa maneira de intervir socialmente é conseqüência de nossa forma de descrever, analisar e interpretar a realidade social. Poderíamos dizer que cada disciplina, além de privilegiar um ponto de vista ou um enfoque da realidade, prescreve um método de intervenção nesta, e ambos se ajustam coerentemente.

Precisamos tomar consciência dessa maneira de analisar e interpretar e de nosso método de intervenção, para conhecer suas limitações e potencialidades, encontrando assim um modo de superar as primeiras e maximizar as segundas.

As reflexões anteriores nos levam a enfatizar a figura, ou melhor, o papel do cientista e do assistente social (especialmente deste último) como *mediador entre o "ecológico" e o "social"*. Poderíamos dizer que a mediação consistiria em criar pontes, em guiar as novas formas de relação entre o "ecológico" e o "social", entre o ser humano e seu meio, entre o cidadão e a sociedade. Em suma, em *facilitadores sociais de uma nova cultura: a participação social* (mais adiante voltaremos a essa tese fundamental).

Podemos considerar que a *cultura* é a segunda natureza do ser humano, uma espécie de segunda pele, tão natural como a própria natureza, embora seja a contínua criação e recriação desta.

Esse esclarecimento vem matizar o próprio conceito de *natureza* e de *meio ambiente*. Em muitas ocasiões o conceito de meio ambiente é encarado como se correspondesse ao de natureza, e esse é um primeiro ponto para considerar *onde* e *como* se fundamenta o "ecológico" e o "social".

O esclarecimento conceitual é necessário para obter um certo consenso nos termos, uma vez que eles nem sempre estão descritos cientificamente e, às vezes, assumem outros matizes quando utilizados na linguagem comum. Numa intermediação entre os dois âmbitos, o científico e o da realidade social, é que se movem os assistentes sociais.

Poderíamos dizer, portanto, que *natureza* é o meio biofísico (flora, fauna etc.) onde se desenvolve a vida humana; contudo, dissemos anteriormente que, para o ser humano, o meio construído ou a "cultura" é tão natural quanto o meio biofísico (poderíamos até dizer que as últimas gerações de países com maior crescimento econômico estão mais habituadas ao meio construído que ao *meio natural*, com o qual sequer tiveram muito contato).

Em relação ao próprio conceito de meio, podemos dizer que nos referimos ao meio biofísico, fundamento da vida, como biosfera, chamando de sociosfera o meio habitado pelo ser humano.

Quanto ao conceito de *meio ambiente* (para além da tautologia que o termo supõe em algumas línguas, inclusive em Português), podemos dizer que se revela *mais abrangente* que falar apenas de natureza. De alguma maneira, um pouco *ambígua*, podemos dizer que se considera o ser humano dentro ou junto da natureza. É ambíguo, porém, porque não se deduz do termo o *tipo de relação* de paridade, hierarquia, dependência, simbiose, igualdade etc. que se produz entre o meio natural e o ser humano, ou se também podemos incluir no termo o meio construído que matiza, modifica (para não dizer deteriora, destrói) o meio natural.

Segundo a terminologia de E. Goldsmith (1999), o "mundo real" é a natureza e o "mundo substituto" é a cultura. Ele propõe que, ante a deterioração do mundo real, dever-se-ia minimizar a criação do mundo substituto. Contudo, não concordamos de modo algum com essa proposta; consideramos antes o oposto.

É justamente um desenvolvimento da cultura, o mais especificamente humano e desenvolvido, que poderia nortear (tendo como meio a educação ambiental e como método a participação social) o caminho para buscar e alcançar alguma solução possível para a crise ambiental. É, portanto, uma evolução, ainda pendente, a partir e para o "social" que se integre ao "ecológico" que nos permitirá reparar e reconduzir a relação entre ambos.

Finalmente, ocupamo-nos do termo ecologia[2] que, segundo a definição dada por Haeckel em 1986, é "[...] a ciência das relações dos seres vivos, plantas e animais, entre eles e com seu próprio meio" (Deléage, 1993). Dessa definição, dois aspectos nos interessam: em primeiro lugar, se o ser humano é ou não contemplado, e de que forma, e, em segundo lugar, destacar a importância do estudo das relações.

Em relação ao primeiro ponto, podemos dizer que, nos manuais de ecologia clássicos, o ser humano é estudado em sua dimensão social no último capítulo, dedicado às questões demográficas e movimentos populacionais, destacando especialmente o fator densidade da população e sua influência ou impacto no meio natural.

Além disso, uma leitura literal leva a pensar que, quando se fala de "animais" em um sentido amplo, o ser humano está incluído. O ser humano é, portanto, um animal a mais[3] e serão estudadas as características da relação deste com seu meio. Contudo, se consideramos o *ser humano como um animal* a mais, nossa análise também não é rigorosa, pois não levamos em conta as especificidades próprias do ser humano em relação com o meio em que vive, nem tampouco as características da dimensão social em relação com esse mesmo meio.

---

2. Termo que procede etimologicamente do grego *Oikos*: casa, lar.

3. Com relação a esse ponto, é interessante lembrar o ensaio de T. H. Huxley (1984): "O lugar do homem na Natureza".

Assim, se quisermos incluir esses elementos assinalados na ciência ecológica, precisaremos mencioná-los especificamente no interior da definição ou falar de *"ecologia humana"* ou *"ecologia social"*.

O segundo aspecto a ser considerado, em relação à definição proposta de ecologia, é a importância ou o interesse de se estudar as *relações*. Isso supõe que se considerem os processos dinâmicos, complexos e multicausais entre os elementos postos em relação, no caso da ecologia humana ou social: o ser humano e as sociedades com o meio no qual se desenvolvem (tomado como meio natural e meio cultural). Mais adiante nos deteremos no tema das relações entre a sociedade e os recursos ou meio natural.

Podemos efetuar duas subdivisões na ecologia, em função do tipo de relação que concebem entre o ser humano e seu meio. A *ecologia "superficial"*, que defende a preservação do meio ambiente por razões centradas no humano, e a *ecologia "profunda"* (ecolatria), que defende que o mundo natural não humano tem direito a existir independentemente dos benefícios que poderia representar para nós.

As pessoas sensíveis à problemática ambiental certamente prefeririam o segundo tipo de ecologia, porém, um exame mais detalhado das conseqüências desse argumento colocaria em questão o modo de vida atual.

O modo de vida (relacionado com os termos nível de vida e qualidade de vida) a que nos referimos e do qual a maioria de nós participa (de maneira privilegiada nos países com maior crescimento econômico e de maneira "passiva" nos países que são impedidos de crescer mais) é o modo de vida consumista, dentro do mercado capitalista.

O que essa diferenciação vem discutir é o tipo de relações que o ser humano e as sociedades estabelecem com o meio em que se desenvolvem.

Quando se estuda ecologia, é fácil concluir que o tipo de relação a que mais comumente se alude é ao equilíbrio (homeostase). A relação de equilíbrio às vezes se apresenta como uma espécie de axioma (princípio de demonstração não demonstrável), relação da qual se parte em um ecossistema dado e à qual se tende caso seja alterada. Esse tipo de relação de equilíbrio constitui um magnífico exemplo para demonstrar que não é fácil transferir as análises do plano biofísico para o plano social. Pressupor que o equivalente a um ecossistema em termos sociais, uma sociedade, um grupo social com determinadas características, parte do e tende ao equilíbrio obrigatoriamente, é sem dúvida reducionista e simplista. As relações que se produzem na dinâmica social não escapam ao conflito (seja ele manifesto ou latente) e dependem da intervenção livre e voluntária de seus membros para se reorganizar, através de normais sociais, papéis etc. A metáfora organicista constitui, portanto, um risco ao tentar restringir o "social" no "ecológico".

Assim, não apenas temos de estudar a natureza, características, tendências e implicações dessas relações (no caso dos cientistas sociais), mas temos de *intervir* nelas, uma vez mais através de relações, o que nos remete de novo ao papel de *mediação social* dos assistentes sociais.

Quando dizemos "estudar", referimo-nos à análise da complexidade social, não apenas à descrição (embora tenhamos de partir desta), mas ao enfoque dessa descrição em função de alguns parâmetros, que permitam avaliar, quantificar (mediante a criação de indicadores, por exemplo) e realizar um acompanhamento e avaliação da própria realidade social.

Ao analisarmos a realidade social, necessariamente a estamos *interpretando* e podemos dizer que esta é uma primeira instância de intervenção em tal realidade, talvez a maneira mais condicionante de intervenção, que dá origem a outras. Negar isso, para os profissionais do Serviço Social, supõe não reconhecer os *"óculos"* com os quais eles estão focalizando seu trabalho social e, além de uma ação profissionalmente desonesta, implica um risco para os que se beneficiam de tal trabalho. Mais uma vez, o antídoto é o mesmo: *tomar consciência* e explicitar o ponto de vista do qual se parte para fazer a intermediação entre a sociedade e o ambiente.

De maneira muito sumária e generalista, podemos dizer que o ser humano sofreu uma evolução em sua relação com o meio natural (talvez seja conveniente lembrar que foi o meio natural que mais sofreu essa evolução). Desde a relação *dependente, respeitosa* e até *mitificada* no início da vida social, até a relação prepotente, tirânica e míope que culmina com o livre mercado do capitalismo selvagem, passaram-se séculos e séculos de complexas relações do ser humano com seu meio (neste caso, podemos dizer, com os recursos que o meio natural lhe propicia).

Nesse quadro de evolução das relações ser humano/meio natural, a cultura surge, se cria e se recria como *"fruto de uma necessidade"* (Mastre, 1978) e, por sua vez, engendra novas necessidades. Podemos fazer outra diferenciação terminológica, chamando de *habitat* o meio físico e de *ambiente* o meio modificado culturalmente.

Essas *novas necessidades* remetem-nos novamente ao atual modo de vida, às necessidades que o mercado cria para crescer. A finitude dos recursos naturais e a problemática ambiental nos obrigam a repensar as relações do ser humano e do meio. Em muitas ocasiões, porém, se propôs que elas fossem repensadas de uma maneira muito radical e muito pouco atraente (para não dizer inviável).

A proposta é a austeridade[4] e o sacrifício ante a satisfação e a sensação de liberdade de escolha oferecida pela sociedade de consumo.

Atualmente, encontramo-nos em uma fase posterior e até mais desmoralizante: a absorção, por parte do mercado do marketing ou da economia, para não dizer da imagem, *verde*.

Uma solução (factível ou não, desejável ou não) não é, porém, o mesmo que uma *alternativa*. Talvez ainda não tenhamos encontrado a alternativa ao atual modo de vida, contudo, encontramos o caminho para buscá-la (e não devemos perder tempo): esse caminho é precisamente a integração entre "social" e "ecológico".

Começamos a nos dar conta de que nossa fé no desenvolvimento e a sofisticação da *ciência e da tecnologia* não serão suficientes e, se o forem, talvez não ocorrerão com bastante rapidez para encontrar a ou as soluções para a problemática ambiental.

O *progresso*, quando não constitui apenas crescimento econômico, mas é acompanhado de desenvolvimento (social) é de-

---

4. Dessa alternativa nasceu, em 1988, o *Guia do Consumidor Verde no Reino Unido*.

sejável, e todos os seres humanos têm direito legítimo a ele. Tanto os que habitam a terra atualmente, como os que a habitarão. Portanto, falamos de uma justiça no momento presente (transversal) passível de ser mantida no momento futuro (longitudinal). O *objetivo*, ao qual denominamos agora de *"desenvolvimento sustentável"*, é que o desenvolvimento incremente a qualidade de vida (que não é uma correspondência total com o conceito de nível de vida) de maneira justa agora e no futuro.

Como observava William Ophuls, uma sociedade sustentável não é o mesmo que uma sociedade sustentável justa. Por isso, as soluções técnicas podem provir da ciência, mas são os profissionais da intervenção social que contribuem para possibilitar a justiça e a integração social.

A função dos profissionais da intervenção social supõe facilitar os processos mediante os quais a sociedade encontre a alternativa de solução, que resolva assumir para alcançar esse objetivo, por meio da integração do "ecológico" e do "social".

Observamos antes que o caminho de intermediação entre esses dois âmbitos é constituído pela educação ambiental e pela participação social.

Na obra *Libro Blanco de la Educación Ambiental de España*, a educação ambiental é dividida de acordo com quatro instrumentos: informação e comunicação, formação e capacitação, participação, pesquisa e avaliação. De acordo com esse documento, a participação é um dos três instrumentos de que a educação ambiental se serve, embora a participação social esteja assumindo uma dimensão muito importante que continua a aumentar, tanto quantitativa como qualitativamente.

Esse aumento da *participação social* para abordar questões ambientais surge da necessidade de encontrar e legitimar propostas de atuação para remediar, prevenir, melhorar, desenvolver etc. problemas ambientais. Em outras palavras, surge da necessidade de encontrar uma alternativa que torne factível o objetivo do desenvolvimento sustentável.

*A participação social é uma cultura emergente* e, como tal cultura, é aprendida mediante um processo, nesse caso necessariamente social, por sua própria essência. É exatamente neste ponto que fazemos a ligação com tudo o que foi dito e descobrimos a tese central deste texto.

A participação social é aprendida na interação social. Isso cria uma cultura de participação (valores democráticos) e constitui um modo de relacionar o ser humano com seu entorno, que não é um modo entre outros, mas o caminho de busca da alternativa que possibilite o desenvolvimento sustentável.

Se a participação social é aprendida, deve haver profissionais formados que facilitem esse processo de aprendizagem social e de integração entre o ser humano em sua dimensão social e as relações com seu meio; em suma, a integração do "ecológico" e do "social".

Alguns dos profissionais que possuem melhores condições para ser formados nesse campo são os assistentes sociais, que precisam analisar seu próprio papel e buscar a formação necessária em matéria ambiental ou em metodologia de participação social, para poder intervir com o máximo rigor e profissionalismo.

## Referências bibliográficas

ARAÚJO, J. *XXI: Siglo de la ecología, para una cultura de la hospitalidad*. Madri, Espasa, 1996.

BOFF, L. *La dignidad de la tierra, ecología, mundialización, espiritualidad. La emergencia de un nuevo paradigma*. Madri, Trotta, 2000.

CALLENABACH, E. *La Ecología. Guia de bolsillo*. Madri, Siglo XXI, 1999.

DELÉAGE, J. P. *Historia de la ecología. Una ciencia del hombre y la naturaleza*. Barcelona, Icaria, 1993.

DOBSON, A. *Pensamiento verde: una antología*. Madri, Trotta, 1999. (Serie Medio Ambiente)

GOLDSMITH, E. *El Tao de la ecología. Una visión ecológica del mundo*. Barcelona, Icaria, 1999.

IUCN. *Manual para comprender y cuidar la tierra*. Madri, Ministerio de Obras Públicas, Transportes y Medio Ambiente, 1995. (Serie Monografías)

MASTRE ALFONSO, J. *Medioambiente y sociedad*. Madri, Ayuda, 1978.

NEBEL, B. J. & WRIGHT, T. R. *Ciencias ambientales, ecología y desarrollo sostenible*. 6. ed. México, Pearson, Prentice Hall, Addison Wesley Longman, 1999.

PARDO, M. *Sociología y medio ambiente. Estado de la cuestión*. Madri, Fundación Fernando de los Ríos/Universidad Pública de Navarra, 1999.

# Necessidades de formação do assistente social no campo ambiental

*Alejandro Gaona Pérez**

## 1. Ponto de partida. Um novo quadro ecológico, econômico e social: o desenvolvimento sustentável

Alguns indicadores evidenciam hoje a necessidade de efetuar uma profunda revisão do modelo econômico atual. A problemática ambiental ligada a esse modelo, sua incapacidade de estender o nível de vida ocidental a toda a humanidade e às gerações futuras sem pôr em risco a estabilidade dos ecossistemas demonstram a necessidade de tal revisão.

---

* Mestre em Educação Ambiental, licenciado em Ciências Geológicas pela Faculdade de Ciências Experimentais de Huelva. Atua na formação didático-ambiental de professores, elaboração e execução de programas de educação ambiental. Possui publicações em revistas educativas (*Cuadernos de Pedagogia*, Alambique).

Como alternativa ao modelo atual propõe-se um novo paradigma: o modelo de *desenvolvimento sustentável*[1], fundamentado na obtenção de desenvolvimentos locais, nacionais e internacionais que integrem objetivos *econômicos, sociais e ambientais.* Supera-se, desse modo, a idéia de "desenvolvimento" apenas a partir do econômico, contemplando aspectos menos economicistas como a *eqüidade social ou a sustentabilidade ecológica* na mediação do bem-estar das pessoas, uma vez que, tal como afirma Jorge Riechmann, "nos últimos decênios, a crise ecológica global e o fracasso do 'desenvolvimento' dos países do sul mostrou que os indicadores convencionais de êxito econômico — em especial o PNB — não podem ser considerados indicadores confiáveis do desenvolvimento e bem-estar humano por serem muito questionáveis as relações entre renda nacional e eqüidade social, entre renda pessoal e felicidade, entre sucesso econômico e sustentabilidade ecológica"[2].

Esse novo paradigma para orientar a sociedade não deixa de ser uma formulação teórica cuja concretização exige muitos e variados esforços. Qualquer realização prática na construção de um modelo sustentável de sociedade precisa ser construída

---

1. A necessidade de integrar os projetos econômicos com o desenvolvimento e o meio ambiente não é nova. Já na Conferência de Estocolmo em 1972, especialistas de diferentes países afirmaram que era preciso desenvolver políticas concretas que ajudassem a conciliar esses três aspectos. Desde então, termos como ecodesenvolvimento (UNEP, 1976), novo desenvolvimento (Perroux, 1984) ou desenvolvimento sustentável (Comissão Mundial de Meio Ambiente e do Desenvolvimento, 1987) foram utilizados para indicar essa nova forma de conceber tal relação. Em nosso caso, optamos por utilizar o termo desenvolvimento sustentável por ser o de uso mais generalizado e o mais comumente aceito.

2. Riechmann, J. *Necesitar, desear, vivir*. Madri, Los Libros de la Catarata, 1998.

e fundamentada a partir de conceitos como *solidariedade intergeracional e intraterritorial, otimização do aproveitamento dos recursos naturais, produção limpa, internalização dos custos ambientais*, e de valores como: respeito por todo ser vivo, respeito à natureza, eqüidade, prudência, austeridade e sobriedade, solidariedade, co-responsabilidade individual e coletiva (Estratégia mundial para a vida).

É importante considerar que a passagem de um modelo economicista como o atual para um modelo construído a partir dos princípios e valores da sustentabilidade deve ser proposta como uma transição de longo prazo, progressiva, *respaldada por amplos consensos e por uma crescente aprendizagem social* que levem a mudanças nos padrões de produção e consumo, na adoção de tecnologias, na regulamentação e no estabelecimento de normas, na organização institucional e na percepção cultural da sociedade.

Nesse modelo, a capacitação, sensibilização e conscientização da população desempenham um papel fundamental. Como indicam Menacho e Cuadros, "solucionar essa crise ecológico-social, *com uma profunda raiz humana*"[3], exige empreender *uma aprendizagem social* com a qual a população adquira uma visão global, integrada, sensibilizada pelo meio ambiente e cujos critérios de atuação individual, ou coletiva, na intervenção profissional, sejam coerentes com o novo paradigma da sustentabilidade que, para nós, é a nova maneira de ver as coisas.

---

3. Cuadros, J.; Menacho, J. Pautas de producción y consumo sostenibles. In: *Teología del Mercado. Cuadernos Cristianismo y Justicia*, n. 84.·Barcelona, Fundación Lluis Espinal, 1998, p. 30-45.

## 2. O assistente social ante o desafio da sustentabilidade

A contribuição dos profissionais do Serviço Social ao desafio da sustentabilidade se concretiza:

- No compromisso pessoal na vivência e transmissão de valores e comportamentos mais sustentáveis.

O caminho para avançar para o modelo proposto *supõe uma mudança* em nossa maneira de nos situar ante a realidade. Tal mudança afeta o estilo de vida individual e coletivo, o consumo, a saúde, o civismo, a igualdade. Uma mudança na cultura coletiva que afeta a forma de pensar, sentir e agir e nossa forma de nos relacionar com a natureza e entre nós mesmos. Como observa María Novo, trata-se de superar uma concepção concreta do homem diante da natureza em que a pessoa:

- Se situa como centro do planeta, desvinculada das leis que regem o equilíbrio e dos limites impostos por elas.
- Tem uma visão reducionista do mundo e da vida, que nos leva a pensar que as coisas ocorrem isoladamente, sem prolongamentos, e que nossos atos individuais não têm conexão com problemas mais amplos e globais.
- A partir do individualismo, é levada a uma ética não-solidária com as pessoas, com os outros seres vivos e com a natureza, uma ética que considera que alguns de nós temos o direito de utilizar os recursos da Terra em benefício próprio, de consumi-los aqui e agora, ignorando o desequilíbrio que com isso produzimos na própria natureza e ignorando as vozes de milhões de nos-

sos contemporâneos que reclamam alimentos, higiene, cultura...[4].

- Identifica o progresso e a felicidade com a máxima posse de bens.

Para obter essa mudança, a pessoa precisa integrar em todos os âmbitos de sua existência os valores assinalados na Carta da Terra,[5] sem os quais não é possível abordar em profundidade o desafio que o desenvolvimento sustentável nos propõe.

Para tudo isso é preciso que se desenvolva:

- A consciência do valor da pessoa, com seus direitos e deveres, com seus compromissos e responsabilidades com o meio ambiente.
- A tolerância para aceitarmos uns aos outros.
- A cooperação, ajuda e colaboração com o objetivo de alcançar e estabelecer metas comuns e não individuais.
- O respeito pela Terra, pela vida, pela diversidade cultural.
- A solidariedade traduzida em práticas de apoio, cooperação, comunicação e diálogo.
- A justiça.
- A eqüidade para eliminar as desigualdades mediante a democratização das oportunidades, a satisfação das necessidades humanas de gerações presentes e futuras.

---

4. Novo, M. *La Educación ambiental: bases éticas conceptuales y metodológicas.* Madri, Universitas, 1995.

5. *Carta de la Tierra del Gobierno Local de San José de Costa Rica*, 2000.

- A precaução, para prever e tomar atitudes, causando o menor dano e minimizando todo impacto possível.
- A paz e a segurança, não como ausência de violência, mas como equilíbrio nas relações humanas e destas com a natureza.

Em todo esse processo de mudança é fundamental que todos nos situemos como agentes ativos de sensibilização. Trata-se de um processo no qual todos somos educandos e educadores em todas as facetas e âmbitos de nossa vida. Para tanto, precisamos tomar consciência da importância do efeito multiplicador de nosso compromisso, não obstante a desvalorização que sofre pela consolidação dos valores pós-modernos, superando o efeito negativo que os valores individualistas vão gerando nas consciências traduzidas depois em atos concretos de falta de solidariedade, consumismo etc.

Ricardo Marín captou a importância e a necessidade da mudança individual na resolução da problemática ambiental, ao observar que os problemas ambientais têm origem em *projetos pessoais concretos*. Segundo o mesmo autor, existe na atualidade uma certa tendência a nos eximir de nossa responsabilidade ou esperar que outros resolvam esses problemas. Até mesmo a dimensão coletiva na geração das questões ambientais, que é um dos elementos a ser contemplado na análise, precisa ser completada por uma proposta de reflexão e mudança do individual. Para ele, o amor à natureza — saber que aí está nossa vida e o bem-estar dos outros, os presentes e os futuros — amar e cuidar da natureza é algo que nos completa como pessoas e confere fundamento à nossa existência.[6] A partir dessa perspectiva, qualquer agressão ao entorno, ao meio ambiente, implicaria também um atentado contra as pessoas. Estas têm, portanto, a responsabilidade de utilizar os meios em nível individual e coletivo para garantir sua sobrevivência sem colocar em risco o equilíbrio ambiental.

### *Planejamento e execução de programas integrados de sensibilização e conscientização ambiental*

Em todo esse processo de mudança, a educação não apenas constitui um serviço social básico, mas precisa ser considerada como um dos eixos para a construção de um modelo sustentável de sociedade. Esse processo educativo, concretizado em nosso caso com a denominação de *Educação moral para um desenvolvimento sustentável*, compreende e exige a promoção de:

- Uma educação como direito de todos em sua dimensão tanto individual como coletiva.
- Uma *educação da vontade*, que motive e oriente as energias, nossas energias, para a criação de outras formas de relações, para modificar as maneiras e formas como consumimos, que ajude a esclarecer onde colocamos nossas ilusões e vontades e orientá-las na direção dos valores exigidos por um modelo de vida sustentável.
- Uma educação para viver em harmonia com a natureza.

6. Marín, R. Valores y actitudes ante la naturaleza. Humanidad y naturaleza. *Documentación Social*, n. 102. Madri, Cáritas, 1996.

- Uma educação para um consumo sustentável, seletivo e crítico, que leve os cidadãos a incluir exigências de ordem ambiental e social em seu mecanismo de escolha de produtos.
- Uma *educação para um pensamento de médio e longo prazo.*
- Uma educação para *uma produção limpa,* preventiva e cíclica.
- Uma *educação para promover* um pensamento sistêmico, global, de que as coisas não ocorrem de forma isolada, nem se devem a uma só causa. Uma educação que ajude a tomar consciência da complexidade da questão ambiental não apenas em sua origem mas em sua resolução. Uma educação que leve nosso pensamento e ação a "pensar globalmente e agir localmente", que ajude a refletir sobre a amplitude das repercussões de nosso modo de vida para além do âmbito local em que nos relacionamos.
- Uma *educação na solidariedade,* que mobilize em nós não apenas a compaixão, mas o compromisso, o vínculo afetivo com os outros, a cooperação e o diálogo.
- Uma *educação para e no compromisso,* pois só através de uma ação comprometida podemos realmente mudar as atitudes em relação ao entorno e reconstruir nosso pensamento. Um compromisso para a mudança individual e coletiva. Uma oportunidade para que as pessoas aproximem sua forma de pensar com a de agir. Uma educação na qual integremos pouco a pouco o novo ideal. É por isso que esse processo educativo precisa tornar efetiva a participação de todos os setores da população na análise da reali-

dade ambiental, na busca conjunta de soluções para as situações analisadas, no compromisso individual e coletivo e na realização das estratégias ou soluções dadas.

- Uma *educação da esperança*, pela qual *a vida* se converte em um processo sempre atraente e cheio de esperanças, sempre aberto a criar e abrir possibilidades e horizontes novos nas vidas. Para Lucini, precisamos fortalecer em nossa própria identidade a verdade e o impulso libertador da esperança; uma esperança e uma capacidade de sonhar e de acreditar no futuro que é urgente transmitir.[7] Uma esperança que, vivida a partir do compromisso, nos afirma constantemente que a mudança é possível.

Para empreender esse processo educativo, é preciso ter sempre presentes alguns princípios que devem ser levados em conta em cada momento.

a) Explicitar e refletir *a proposta ética que impulsiona a ação*. Como observa María Novo, nenhuma mudança será realmente efetiva se não se tornar um verdadeiro exercício crítico acerca dos valores que intervêm na ação,[8] os individuais e os coletivos.

b) Tornar compreensível a complexidade da relação dos aspectos sociais, econômicos e ecológicos da realidade. Trata-se de fazer com que os educandos conheçam os diversos matizes do conceito de sustentabilidade (ambiental, política, econômica, produtiva) e reflitam sobre suas relações e suas implicações práticas.

---

7. González Lucini, F. Sueño, luego existo. *Reflexiones para una pedagogía de la esperanza*. Madri, Alauda Anaya, 1996.

8. Novo, M. *op. cit.*

c) É preciso empreender um processo educativo o mais integrador possível. Nenhum setor da população ou âmbito considerado deve ficar à margem dele.

d) Integrar no processo educativo a tripla perspectiva resumida em CONHECER, SENTIR, FAZER. Em síntese, esse processo deve contribuir para:

- trazer conhecimento sobre os problemas, as diferentes alternativas e a valorização destas do ponto de vista da sustentabilidade;
- ajudar a tomar consciência do papel que, tanto em nível individual como coletivo, se tem no problema, para desse modo sensibilizar e mobilizar a vontade para a ação;
- favorecer a participação em ações de melhoria ambiental.

e) Favorecer a análise da realidade, a individual, a do entorno, como princípio metodológico, e fazê-lo em termos de causas e conseqüências.

f) Fazer com que, na medida do possível, a população participe na avaliação, na apresentação de estratégias e na avaliação destas.

g) Promover o trabalho individual e em grupo, o diálogo e a cooperação.

h) Empreender propostas concretas para favorecer a mudança de hábitos em nível individual e coletivo.

i) A continuidade do processo educativo.

j) A coerência como princípio de atuação educativa pela qual os meios, os recursos, as atitudes e comportamentos pessoais sejam conseqüentes com os valores e os novos comportamentos. Em todo esse processo, é necessário desenvolver uma pedagogia exigente; todo o processo precisa ser um exemplo vivo daqueles valores considerados como o fundamento da sociedade. Essa coerência obriga-nos a detectar as dissonâncias entre o pensamento e a atividade cotidiana. Assumir objetivos de coerência ambiental exige conhecer para onde temos de dirigir e orientar nossos hábitos de modo que possamos nos encaminhar, no plano individual e na atividade profissional, para critérios de sustentabilidade ambiental. O assistente social, como muitos outros profissionais, com muita freqüência esquece ou não leva em conta que, mesmo a partir de sua atividade profissional, pode contribuir para a melhoria do entorno. Colaborar com essa melhoria não significa despender mais tempo com planejamento ou substituir a intervenção. O que se pretende é uma nova intencionalidade no momento de projetar as atividades nas quais se deveria agir *como se realmente o meio ambiente importasse*. Para avançar em coerência ecológica apresentamos a seguir algumas pistas para que, a partir da intervenção, se caminhe para objetivos de sustentabilidade.

- *Para contribuir para a eficiência e a economia de energia.*

Favorecer, nos âmbitos de intervenção, nos espaços de trabalho, a economia de energia, evitando o uso desnecessário de eletricidade, desligando os aparelhos, vídeos, retroprojetores, computadores, sistemas de iluminação... quando não estejam sendo usados, evitando o uso excessivo da calefação, dos aparelhos de ar-condicionado...

- *Para contribuir para a eficiência e a economia de água.*

Evitar nos âmbitos de intervenção e nos espaços de trabalho (como oficinas, durante jogos, em escritórios, serviços, em festas, nas atividades lúdicas) o desperdício de água.

- *Para contribuir para a prevenção da quantidade, toxicidade e periculosidade dos resíduos.*

Reduzir o consumo de produtos considerados tóxicos e perigosos: tintas em aerossol, tintas a óleo, solventes, pincéis atômicos com solventes, aparelhos a pilha...

Cuidado e armazenamento adequado dos objetos utilizados nas diferentes atividades.

Reduzir o consumo de produtos descartáveis, como por exemplo utensílios de plástico.

Racionalizar o consumo de materiais como o papel nas fotocopiadoras, impressoras, bem como do restante dos materiais de escritório (pincéis atômicos, corretores líquidos...).

Promover nas oficinas a reutilização de embalagens e nos escritórios o reaproveitamento de papel usado, de envelopes, de sacos plásticos.

Usar produtos facilmente reutilizáveis e duradouros (canetas recarregáveis, pastas de aros...).

- *Para favorecer a reciclagem.*

Aquisição e uso de materiais facilmente recicláveis, aproveitando ao máximo o uso do papel e do vidro.

Separar os materiais recicláveis.

Usar, na medida do possível, como material de escritório materiais reciclados como o papel para as impressoras, pastas e envelopes.

- *Para favorecer a "eliminação segura" dos resíduos restantes.*

Separar os resíduos tóxicos e perigosos como pilhas, solventes etc. do resto e, se possível, depositá-los nos lugares destinados para essa finalidade (reservatórios de pilhas, de medicamentos, postos de coleta...).

### *No planejamento e desenvolvimento de programas de formação e/ou emprego no campo das ocupações socialmente úteis*

A atividade gerada em torno da proteção ambiental em uma sociedade como a atual está se transformando em um tema que oferece oportunidades de emprego a um amplo setor da população. Mais concretamente, esse âmbito de trabalho oferece um interessante leque de possibilidades de formação e emprego para grupos de baixa qualificação profissional e diversificada problemática social (desempregados crônicos, portadores de deficiências, dependentes químicos...). As diferentes experiências colhidas em vários pontos do país nos colocam nos seguintes campos de ação:

- Coleta seletiva, recuperação e/ou reciclagem de resíduos.
- Limpeza de espaços públicos (rios, praias...).
- Fontes de energia renováveis.
- Criação de minhocas e elaboração de húmus.
- Agricultura orgânica.
- Turismo rural.
- Trabalho de adequação florestal, viveirismo, jardinagem.

Tais âmbitos permitem hoje ampliar a esfera de atividades autônomas capazes de fortalecer o tecido social e projetar novas ocupações não marcadas exclusivamente por uma economia monetária, mas na esfera do Serviço Social, gerador de um novo conceito de emprego e de uma mudança no critério do máximo lucro que rege a empresa convencional. O campo é imenso e pode dar a oportunidade de inovar outros modos de organizar o trabalho e a comunidade a serviço da satisfação das necessidades sociais e do aumento da qualidade de vida. Com elas, trata-se de recuperar o espaço das *ocupações socialmente úteis*. Úteis quanto ao tipo de população que se propõe e se pretende integrar ao mercado de trabalho (desempregados crônicos, portadores de deficiências, dependentes químicos, imigrantes...) e *úteis* em relação à repercussão que a atividade produz no entorno.

Planejar a elaboração e execução de um projeto de formação e de emprego neste campo das ocupações socialmente úteis supõe levar em conta, em todos os momentos, uma série de aspectos:

1. *Respeito ao planejamento e execução do processo formativo*

- É preciso facilitar os conhecimentos básicos sobre o campo que se quer trabalhar, para que ajudem a dar fundamento e sentido à atividade a ser realizada e resolver as diferentes situações que surgem.
- O processo formativo deve contribuir através das atividades para favorecer a mudança de atitudes e de hábitos dos educandos, promovendo entre eles uma avaliação positiva da atividade para a qual se estão formando.

- Do ponto de vista da metodologia de trabalho é necessário:

  a) Partir da realidade do aluno, não apenas a individual, mas a do entorno em que ele vive, para favorecer a tomada de consciência, e a partir dela propor alternativas para os problemas analisados.

  b) Favorecer o desenvolvimento de um pensamento em termos de causas e conseqüências.

  c) Adotar o diálogo e a interação permanente como dinâmica de trabalho, de modo a construir e reconstruir o conhecimento e as relações entre os alunos.

  d) Diversificar as atividades e recursos, de modo a favorecer e manter a motivação em relação ao tema estudado.

  e) Respeitar o ritmo do aluno.

- Formação para a prevenção ambiental e a saúde no trabalho.

- É preciso formar a partir da prática e, durante o processo formativo, dar ao educando a possibilidade de se defrontar na realidade com a atividade para a qual se está formando.

- Favorecer o contato com outras realidades de trabalho semelhantes como forma de conhecer o campo em que se pretende trabalhar para tomar consciência da potencialidade e motivar-se para ele.

- Formação para a criação e o funcionamento de empresas.

2. *Respeito ao programa de emprego*

- Criar um programa economicamente rentável sempre em consonância com a geração de empregos de qualidade e com um desenvolvimento harmonioso da pessoa.
- Analisar a realidade da atividade a ser efetuada para explorar as possibilidades de ação nesse campo.
- Estudar o mercado, procurando atividades ainda a serem exploradas no âmbito em que se vai trabalhar.
- Em muitas ocasiões, é preciso haver um processo prévio de acompanhamento e de tutoria, até mesmo do ponto de vista econômico, antes de iniciar a atividade propriamente dita.
- Pensar em termos de médio prazo para uma avaliação da efetividade do programa.
- Favorecer a participação de todos os trabalhadores na tomada de decisões.
- Favorecer a divisão da riqueza mediante a geração de novos postos de trabalho.

3. *A ambientalização curricular no Curso de Serviço Social*

O fenômeno da sustentabilidade exige que todos os níveis do processo educativo estejam relacionados entre si, e a universidade não pode ficar à margem. Segundo Casal i Fábrega,[9] "a

9. Casal i Fábrega, J. L'ambientalització curricular dels ensenyaments universitaris en Seminaris d'ambientalització curricular. Barcelona, Department Medi Ambient, 1998.

responsabilidade da universidade é dupla. Em primeiro lugar, precisa fornecer a formação necessária, que capacite os estudantes para um exercício profissional que respeite o meio ambiente. Por outro lado, precisa conscientizá-los da necessidade desse exercício profissional de acordo com os princípios do desenvolvimento sustentável". Para tanto, o autor afirma que "é preciso inserir na universidade um processo de ambientalização curricular, ou seja, introduzir nos currículos elementos relativos às conseqüências e ao impacto ambiental das atividades dos futuros graduados no exercício de sua futura profissão".

No caso de que nos ocupamos, a ambientalização do currículo de Serviço social pode ser realizada por dois caminhos complementares e necessários para atingir o duplo objetivo da informação e conscientização:

- *A ambientalização das disciplinas*

A partir da contribuição que o assistente social pode trazer ao desafio da sustentabilidade, surgem várias conseqüências em relação a aspectos a ser considerados em sua formação, de maneira a iniciar a ambientalização do currículo. Para tanto será necessário:

- Abordar, na análise da problemática da sociedade atual, os aspectos ecológicos e sociais como um todo, introduzindo o conceito de *crise ecológico-social*.
- Ajudar o aluno a conhecer reflexões e valores: os elementos mais importantes que compõem a problemática socioambiental atual, as forças econômicas, políticas, sociais, culturais e tecnológicas que impedem o desenvolvi-

mento sustentável, os valores socioambientais, as alternativas para a problemática...

- Aprofundar a vinculação das políticas em relação ao social e ao ecológico. A leitura de artigos de jornal pode ajudar a refletir e a estabelecer essa vinculação.
- Aprofundar o papel que a proteção do meio ambiente tem na melhoria da qualidade de vida, como necessidade social e sua vinculação com o cuidado das pessoas.
- Aprofundar experiências de geração de empregos relacionados ao meio ambiente e de participação cidadã nesse âmbito. A apresentação de experiências concretas é bastante motivadora e reveladora.
- Aprofundar a integração do ecológico no âmbito da prática profissional. Para tanto, seria interessante incluir nos relatórios das práticas aspectos como objetivos para a melhoria do ambiente, a exigência de utilizar recursos que sigam critérios de proteção ambiental.

- *A ambientalização do meio universitário*

Como em tantas outras coisas, parece conveniente praticar aquilo que se prega. Em outras palavras, seria pouco coerente ambientalizar os currículos de uma universidade que vive à margem do respeito ao meio ambiente nos demais aspectos da vida universitária. Pode-se concretizar essa ambientalização do entorno universitário mediante uma série de ações, que, apesar das dificuldades que possam surgir, devem ser empreendidas para atingir objetivos de sustentabilidade ambiental. Para tanto, as seguintes idéias ou ações podem ser úteis:

1. Pesquisa das características do meio universitário quanto a condições ambientais, hábitos e valores da população universitária em relação ao uso de papel, de energia...

2. Estabelecimento, no campus, de planos de economia de água, de eletricidade, de redução de resíduos, de separação de resíduos para posterior reciclagem, envolvendo em sua elaboração todos os setores da população universitária.

3. Execução de programas de sensibilização no campo da coleta seletiva de lixo, da economia de água e de energia, para um consumo racional de papel etc., utilizando cartazes e avisos, um serviço de informação telefônica, realizando palestras, distribuindo folhetos com conselhos ecológicos, promovendo concursos sobre idéias para o meio ambiente...

4. Criação de um grupo de acompanhamento e avaliação das diferentes ações projetadas.

Para concluir, convém acrescentar que não é possível realizar em um curto espaço de tempo esse processo, que não é isento de dificuldades. Uma vez que o modelo de sustentabilidade para o qual queremos caminhar e que deve nos orientar é um modelo a ser construído, as mudanças e o caminho para ele devem ser considerados de forma gradual e de longo prazo.

# Reflexões sobre o papel dos assistentes sociais como educadores ambientais

*María Josefa Vázquez Librero**
*Mercedes Gónzalez Vélez**
*Cinta Martos Sánchez**

Nossa exposição constitui uma proposta de argumentação, à maneira de fundamento, que pretende contribuir para a justificação de um dos objetivos deste I Congresso de Serviço Social e Meio Ambiente. Os patrocinadores deste evento assumiram uma tarefa: *criar/recriar consciência* no âmbito humano que lhes compete.

Em princípio, a tarefa de *criar/recriar consciência* constitui uma tarefa familiar, própria do dia-a-dia de muitos profissionais do Serviço Social. Conhecemos, em nossa disciplina, e trabalhamos, na prática, com maneiras de remover os obstáculos cognitivos,

* Docentes da Universidade de Huelva.

intelectuais e afetivos que se interpõem, como inércia, nas formas de pensar e agir de nossas sociedades.

Aqui, o conteúdo associado a essa disposição mental é constituído por dois termos intensamente dotados de *sema*, isto é, de signo, do sinal dos tempos: *a educação ambiental*. Quando se estabelece a convergência desse construto, surge um elemento-chave para superar o que Fritjof Capra definiu há mais de duas décadas como um dos pontos cruciais. Vejamos o que podemos acrescentar a essa tarefa.

Nós, assistentes sociais, sabemos que as estruturas mentais precisam de uma "alimentação" informativa para começar seus processos de mudança, condição certamente não suficiente, mas *sine qua non*; e que seu conteúdo, para ser processado convenientemente, precisa de sistematização formal e, sobretudo, de um fundamento significativo a partir de um ponto de vista vivencial. Cremos que ambos os ingredientes integram as linhas que expomos a seguir.

Em primeiro lugar, acreditamos que é preciso nos situar em *dois espaços*, espaços que entendemos unidos por forças gravitacionais de rotação e de translação. Por um lado, o que podemos denominar uma *realidade noosférica* (conjunto formado pela união dos seres inteligentes com o meio em que vivem) e, por outro, um *âmbito disciplinar/profissional*, o do Serviço Social, que gira em torno da abordagem dos processos que se produzem na primeira. Tanto que ambos constituem objeto e sujeito, são *indissociáveis*.

Vamos analisar os fatos constatados na realidade em que vivemos e apontar algumas chaves possíveis para superar suas distorções ambientais.

Todos sabemos dos grandes problemas ambientais que estão sendo criados em nosso planeta em todos os âmbitos: a mudança climática, o buraco da camada de ozônio, as grandes perdas de solos cultiváveis por erosão, a desertificação, o desmatamento das últimas florestas virgens, a contaminação do ar e das águas, espoliação dos mares e um amplo etcétera, que podemos observar tanto de modo geral como em nível local.

O crescimento tecnológico excessivo criou um ambiente em que a vida se tornou prejudicial para o corpo e para a mente. O ar contaminado, os ruídos desagradáveis, o congestionamento do trânsito, os poluentes químicos, os perigos da radiação e muitas outras fontes de tensão física e psicológica passaram a fazer parte da vida cotidiana da maioria de nós.

Se analisamos as raízes desses problemas e observamos suas relações com os elementos que configuram e legitimam a realidade atual, podemos deduzir que essa situação deriva de "uma cosmovisão que concebe o mundo como uma máquina e não como um conjunto de ecossistemas vivos e em equilíbrio".

Quanto às ciências, "[...] hoje tornou-se evidente que a excessiva ênfase colocada no pensamento analítico e racional provocou uma série de atitudes profundamente antiecológicas" (Capra, 1985: 44). Quanto à abordagem teórica, a ciência vem nos proporcionando informação do tipo: ... uma floresta aqui..., um homem ali..., o cosmos mais adiante..., como peças de um quebra-cabeças que não se encaixam, com dinâmicas próprias, como se fossem compartimentos estanques, lineares e não integrados.

Ao contrário, a ecologia demonstrou há tempo que os ecossistemas fundamentam-se em equilíbrios dinâmicos baseados em processos cíclicos e flutuantes. *A consciência ecológica só pode surgir quando conjugamos nossos conhecimentos racionais com a intuição de que o que abarcamos se nos apresenta como uma das realidades interdependentes e unidas por múltiplas passagens comunicantes.*

Contudo, "[...] a visão mecanicista cartesiana teve muita influência em nossas ciências e na mentalidade geral dos ocidentais" (Capra, 1985: 269): a objetividade asséptica, o objeto estático, controlado, estranho... gerou uma consciência, e por fim uma conduta, profundamente imprópria, mutilada e inoperante... Em conseqüência, nossa cultura e seus agentes (operadores, reparadores, transformadores...) tornaram-se cada vez mais fragmentários e sectários e criaram ou ajudaram a criar instituições e tecnologias que geraram modos de vida claramente insalubres e prejudiciais.

Contudo, ciência e tecnologia são apenas mecanismos de reprodução, forjados em moldes de argila, mas que adquirem traços graníticos quando se põem a serviço de uma cosmovisão, de "um sistema econômico [...] obcecado pelo crescimento e pela expansão [...] 'ad finitum' [...] alterando e desordenando os processos ecológicos sem levar em conta que são a base de nossa existência" (Capra, 1985: 270).

E essa modelação das consciências é produzida com o nosso consentimento, mas de maneira sangrenta:

> "[...] na formação das consciências é possível distinguir dois grandes processos: a formação intelectual [...] (através da linguagem semanticamente orientada) *e* a assunção do comportamento e outras atividades não-intelectuais. Por isso, na maioria da população, a formação das consciências esteve muito ligada às classes sociais e à forma da economia dominante.

> Atualmente há uma aparente 'igualdade de oportunidades'; a cultura parece ter se unificado e toda a população parece sofrer a influência dos mesmos agentes de modelação de consciências. Recursos de controle sofisticados e muito eficazes, alguns manifestos, outros mascarados, são dedicados a isso. Seja por influência direta ou indireta, o objetivo é o mesmo: modificar o comportamento dos indivíduos, mudando diretamente a 'fonte de decisões' ou a 'fonte da vontade'.
>
> É preciso fazer um esforço de crítica e de distanciamento para se convencer de que nos vendem ficções por métodos sofisticados e servindo a interesses que talvez não sejam os nossos" (Terrón, 1997: 173-182).

Temos de reconhecer que a espécie humana (já sabemos, cada um em graus e níveis claramente diferenciados) emprega hoje a ciência e a tecnologia para dominar e controlar o restante da realidade noosférica e o faz de forma espoliadora (recordemos: com violência e sem direito), paradoxalmente insensata, visto que rouba a si mesma, à maneira de uma conspiração de tolos, e isso se justifica, de forma necessária mas não suficiente, pela existência de interesses espúrios de setores claramente identificáveis. Na gênese do problema, contudo, também se encontram elementos de estranhamento e deslocamento da espécie humana, que se considera a si mesma como o vértice de uma pirâmide, claramente diferente por ser única na transcendentalidade, e definitivamente errônea quanto à concepção do tempo, a onipresença do presente como momento único e definitivo.

Não obstante, agora, aqui e nos dias que nos precederam, em outros contextos, em outras culturas..., em suma, em múltiplos espaços geofísicos e geomentais, estão em curso reflexões sobre como essas propostas teóricas e comportamentais são improcedentes, "suicidas", obsoletas e caducas. O pensamento orientador sintetiza-se, como ponto de partida, na idéia de que "é preciso divorciar da ciência... (cabe a nós como ser/fazer disciplinar) essa associação e reencontrar os fluidos convergentes entre os fatos ecológicos e suas explicações" (Capra, 1994: 32).

Esse esforço de remoção desses aspectos de nossas consciências pode utilizar como plataforma de lançamento três potencialidades humanas:

a) Temos uma base fisiológico/lógica à nossa disposição: "o conhecimento intuitivo e o conhecimento racional são dois aspectos complementares da mente humana. O pensamento racional é linear, fixo e analítico. Pertence à esfera do intelecto, cuja função é diferenciar, medir e catalogar, e por isso tende a ser fragmentado. O conhecimento intuitivo, por outro lado, baseia-se na experiência direta e não intelectual da realidade, que surge durante um estado expansivo da consciência; tende a ser sintetizador e holístico" (Capra, 1985: 41).

Esta última forma de conhecimento é a que nos convém utilizar para determinar os valores e as atitudes culturais, sociais e ecológicas que precisamos adotar para fazer frente ao grande dilema que nos ocupa.

b) Não partimos do zero; uma maneira de conferir conteúdo a nossas ações, é adotar um determinado modelo-esquema de referência:

- "Devemos nos basear no profundo respeito pela sabedoria da natureza... habitada por organismos que evoluíram nela durante milhões de anos, o que nos permite pensar que os princípios organizadores dos ecossistemas devem ser considerados superiores aos das tecnologias humanas" (Capra, 1985: 461).

- Nosso ambiente natural não apenas está vivo, mas também é inteligente. Seus princípios organizadores giram em torno da cooperação, da austeridade, da capacidade de perdurar e de se adaptar, da otimização dos recursos, da auto-regulamentação.

c) A tarefa configura-se como desafio e, como tal, é humanamente significativa.

Mas como ou onde encontrar as chaves teórico-práticas para essas mudanças, que se mostram tão necessárias e urgentes? Temos de concordar com Capra: "Hoje ainda não existe nenhuma estrutura conceitual ou institucional que esteja firme e definitivamente estabelecida e que se adapte às fórmulas do novo paradigma, mas as linhas gerais dessa estrutura já estão sendo traçadas por muitos indivíduos, comunidades e grupos que estão idealizando novos modos de pensar e que estão se organizando segundo novos princípios... Isso significará a formulação gradual de uma rede de conceitos e modelos vinculados entre si e, ao mesmo tempo, a criação de organizações sociais interdependentes". Que implicações tem isso para a maneira em que estão divididas as nossas disciplinas? "[...] será preciso superar as distinções convencionais entre as diferentes disciplinas e utilizar uma linguagem adequada para descrever os diferentes aspectos do tecido multifacetado e reciprocamente relacionado da realidade" (Capra, 1985: 307).

Compreender a realidade noosférica implica interiorizar que:

a) As relações entre os organismos vivos são de cooperação e de interdependência, e que mesmo quando diferentes organismos competem por sua sobrevivência, a competição costuma ocorrer no interior de um contexto de cooperação mais amplo, de maneira que o sistema mais geral se mantém em equilíbrio. O mal-estar biopsicossocial é gerado a partir da interpretação dos darwinistas sociais, que concebiam a vida unicamente em termos de competição, de luta e de sobrevivência dos mais fortes.

b) A estruturação dos sistemas vivos responde ao esquema de uma ordem estratificada: átomos, moléculas, macromoléculas, complexos macromoleculares, orgânulos, células, órgãos, tecidos, sistemas, organismo vivo (ou indivíduo), populações, comunidades, ecossistemas e biosfera. Cada um desses níveis é mais complexo que o anterior porque, por sua própria complexidade organizativa, soma a dos níveis anteriores e ao mesmo tempo em cada nível se desenvolvem características novas dificilmente explicáveis pela soma dos fenômenos que ocorrem nos níveis inferiores isoladamente. Segundo a hipótese Gaia, a biosfera é o conjunto de ecossistemas que se estende sobre toda a superfície do planeta e constituiria a estrutura pan-viva. Sobre isso, Capra afirma: "O aspecto importante da ordem estratificada na natureza não é a transferência do controle, mas a organização da complexidade" (Capra, 1985: 328).

c) Os sistemas biopsicossociais encontram-se em homeostase, ou seja, encontram-se em um estado de equilíbrio dinâmico, sua estabilidade nunca é absoluta, mas se mantém enquanto as flutuações ou perturbações não superem um nível crítico. É interessante levar em conta essas idéias no momento de avaliar o impacto das ações realizadas sobre a natureza ou as sociedades e de planejar as ações que iremos empreender, porque, assim como qualquer sistema está preparado para suportar modificações, levado a uma pressão crítica, cabe esperar que este se transforme em uma direção talvez não prevista e que precisa ser avaliada. Se continuarmos a atuar na mesma linha, continuaremos a alterar, a degradar e a destruir nosso entorno, e nossa própria existência será seriamente comprometida.

Se é preciso estabelecer uma unidade de sobrevivência, esta não pode ficar reduzida, isolada e fragmentada, mas deve ser o modelo de organização a ser adotado pelo ser humano nas interações com seu ambiente.

Na ordem estratificada da natureza, que mencionamos antes, podemos considerar, seguindo Gregory Bateson, que a mente dos seres humanos integra uma "mente" mais ampla, pertencente ao sistema biológico, social e ecológico, que por sua vez faz parte de uma espécie de mente universal ou cósmica. Se limitarmos os fenômenos mentais aos seres humanos, julgaremos que o ambiente é "desprovido de mente" e tenderemos a explorá-lo como se ele fosse assim. Nossa atitude será muito diferente quando considerarmos que o ambiente não apenas está vivo, mas também tem uma mente, assim como nós.

Na compreensão dos fenômenos noosféricos, "[...] a disciplinaridade descreve, a interdisciplinaridade explica e a transdisciplinaridade serve para entender..." (Max-Neff, 1996: 39). E o entendimento só surgirá quando o sujeito (ser humano) se tornar presente no objeto (biosfera) e o contemplar como unidade indissociável na qual ele mesmo está incluído.

Até aqui fornecemos algumas coordenadas da realidade; parece evidente que temos de mudar nossa consciência, é questão de uma necessidade básica, a de subsistência. Vamos procurar em nossa bagagem disciplinar e revelar o que a nosso ver pode constituir um dos elementos que precisam de revisão para que possamos iniciar a tarefa de educadores ambientais a que nos devemos orientar.

Se tomamos como ponto de partida a visão de Zamanillo e Gaitán acerca do objeto do Serviço Social, podemos construir uma idéia que transcende o nível do ser humano e suas configurações. Se explicitamos que o objeto do Serviço Social são "todos os fenômenos relacionados com o mal-estar psicossocial dos indivíduos" (Zamanillo e Gaitán, 1992: 71), torna-se patente o que esquecemos da tríade que descreve a essência humana. Vimos afirmando, de maneira formal inconsciente, que a realidade é biopsicossocial (uma visão certamente totalizadora) e contudo teimamos em construir nosso conhecimento em torno do subjetivo-objetivo da realidade enquanto psicossocial, deixando o "bio-" para as disciplinas físicas reducionistas. Isso, englobado numa visão integral da vida e de seus constituintes, tem importantes implicações em nossa ação disciplinar e profissional. Se nos esquecemos de que existem elementos do mal-estar psicossocial depositados nas camadas de consciência subjacente e que poderiam ser constituídos por emoções/percepções de estranhamento e desvinculação, certamente os processos de mudança nos quais estamos permanentemente envolvidos podem estar sendo distorcidos e perturbados. Por isso:

a) Julgamos necessário alimentar nossas conexões neurais de informação significativamente diferente. Essa informação ajudará a gerar o conhecimento diagonal-intuitivo e esse estado expansivo da consciência, que nos servirá para compreender que ser agentes educativos nos obriga à projeção (como conhecimento para fora e para diante), nos faz desembocar na introspecção e definitivamente nos embarca na retrospecção (à construção dos significantes desde a origem e do quadro completo-complexo da vivência humana).

b) Essa tarefa não deixa de ser um imperativo deontológico. A motivação ética da solidariedade leva-nos irremediavelmente do expansivo-natural à ética ecológica. "O Serviço Social não pode ligar-se mais ao Progresso Social senão alimentando-se do individualismo... implementa uma racionalização da existência que ameaça os agrupamentos naturais. A ilusão de trabalhar no social não consegue ocultar o reverso desse progresso constituído de planejamento, de programação, de prevenção e de participação em uma realidade cada vez mais atomizada" (Hill, 1992: 80-81).

c) Devemos nos esforçar para distinguir entre a autenticidade das necessidades noosféricas e os defeitos dos enfoques teórico-práticos que podem ser oferecidos a nós para satisfazer essas necessidades. Para trabalhar a partir e no mal-estar biopsicossocial.

Uma advertência: só se chega a transmitir aquilo que se pensa e em que se acredita. Visto que "é impossível não comunicar", o conteúdo de nossas mensagens educativas é integrado. Talvez esse seja um dos pontos principais que explicam o fracasso das intervenções nos problemas sociais. Nosso papel de educadores ambientais estará condenado ao fracasso se não constituirmos unidades coerentes entre o ser e o fazer.

## Referências bibliográficas

CAPRA, F. *El punto crucial*. Barcelona, Integral, 1982.

CAPRA, F.; STEINDEL-RAST, D. *Pertenecer al universo. Encuentro entre ciencia y espiritualidad*. Madrid, Edaf, 1994.

HILL, R. *Nuevos paradigmas en Trabajo Social. Lo socionatural*. Madrid, Siglo XXI, 1992.

MAX-NEFF, M. *El desarrollo a escala humana*. Barcelona, Icaria, 1994.

TERRÓN, E. *Cosmovisión y conciencia como creatividad*. Madrid, Endymion, 1997.

LOPERENA ROTA, D. *El derecho al medio ambiente adecuado*. Madrid, Civitas, 1996.

ZAMANILLO, T. & GAITÁN, L. *Para comprender el Trabajo Social*. Navarra, Verbo Divino, 1992.

# O meio ambiente como fator de desenvolvimento: uma perspectiva a partir do Serviço Social

*Inmaculada Herranz Aguayo**
*Luis Miguel Rondón García**

## 1. Perspectiva teórica

Este texto tem como ponto de partida a necessidade de abordar um processo essencial para o ser humano, isto é, a manutenção de um equilíbrio com o meio ambiente que lhe permita a sobrevivência, a adaptação. A. Hawley define esse processo contínuo na espécie humana como a adaptação do homem às condições externas que lhe proporcionam os meios materiais para a existência, mas que também impedem e limitam a expansão. Estamos diante de uma dependência essencial.

---

* Professores da Universidade de Castilla-La Mancha.

A adaptação ao meio, contudo, não é obtida individualmente; torna-se evidente a dependência inexorável dos semelhantes. A adaptação é um fenômeno coletivo que ocupa uma área concreta, ou seja, os esforços de adaptação dos indivíduos culminam em uma comunidade baseada em um sistema de relações sociais que permitem a manutenção de cada organismo no hábitat. Embora seja certo que o processo de adaptação não culmine num equilíbrio perfeito, dada a situação mutante do meio, sem dúvida é necessário um equilíbrio mínimo que permita à comunidade assegurar sua subsistência de forma permanente. Neste ponto seria conveniente rever a situação atual em que nos encontramos em nível mundial, que parece apresentar um problema de adaptação, devido aos conflitos ambientais ocasionados pelos impactos negativos da atividade humana de superexploração dos recursos do meio. O conceito de desenvolvimento sustentável evidencia a preocupação social pelo esgotamento de recursos e o perigo da sustentabilidade do desenvolvimento. Adotando a definição de G. Francis para esse termo, entendemos por sustentabilidade o dever de manter os ecossistemas para se renovar e evoluir, ao mesmo tempo em que se respeita a capacidade dos sistemas sociais de inovar e criar. Dada a amplitude da problemática que afeta todos os âmbitos do ser humano, é fundamental incorporar a dimensão social neste discurso tanto nas diferentes políticas sociais como na intervenção do Assistente Social desde a perspectiva da atenção integral. Nessa linha, Robinson (1990) estabelece os seguintes princípios de sustentabilidade:

- Princípio ecológico
- Princípio sociopolítico

Reconhecemos como princípios mais específicos para o Serviço Social, os últimos (sociopolíticos), que são os seguintes:

- Condicionar a atividade humana à capacidade de aceitação total do planeta.
- Garantir a eqüidade sociopolítica e econômica em um processo de transição para uma sociedade mais sustentável.
- Incorporar aos processos políticos de tomada de decisões as preocupações ambientais de forma mais direta.
- Assegurar o incremento da população afetada e a interpretação e implementação dos conceitos associados a essa idéia de desenvolvimento sustentável.
- Estabelecer um procedimento aberto e acessível para aproximar a tomada de decisões governamentais da população afetada.
- Garantir que a população possa participar de forma criativa e direta nos sistemas econômicos e políticos.
- Assegurar um nível mínimo de igualdade e justiça social mediante um sistema legal, justo e aberto.

Ante essa apresentação generalista de propósitos e princípios, fazemos algumas possíveis propostas para seu desenvolvimento no Serviço Social, partindo do princípio geral da inclusão da variável ambiental nas políticas e intervenções sociais:

1º Reconhecer que os recursos socioambientais são limitados e, portanto, fazer com que a comunidade se conscientize dessa realidade.

2º Garantir o equilíbrio entre a dimensão sociopolítica e ecológica em cada uma das intervenções sociais, encaminhando-se para uma sociedade sustentável.

3º Incorporar esse discurso nos espaços de poder e tomada de decisões em matéria social.

4º Garantir a participação ativa da população afetada, ou seja, aquela com a qual intervimos diretamente.

5º Desenvolver um conceito mais amplo de justiça social que incorpore o equilíbrio ecológico como um meio para obter a eqüidade social.

Para desenvolver corretamente esses princípios de ação para o Serviço Social, reunimos alguns conceitos que incorporam a variável ambiental em sua aplicação às diferentes disciplinas das Ciências Sociais.

## 2. Conceitos básicos para o desenvolvimento da perspectiva ambiental nas Ciências Sociais: ecodesenvolvimento e meio ambiente

O conceito de ecodesenvolvimento foi proposto por M. Strong (ONU). Supõe "um desenvolvimento ambiental adequado baseado em uma estratégia de integração da dimensão ecológica e socioeconômica dos processos de desenvolvimento". A isso acrescentaríamos uma terceira dimensão: a social. O termo implica um desenvolvimento menos dependente e mais igualitário, uma melhor racionalidade socioambiental para o manejo dos recursos e do espaço, com um maior controle e participação popular nas decisões sobre o ambiente físico e social dos mais diretamente afetados para, desse modo, manter a sensação de controlar o próprio destino. É aqui que o trabalho do assistente social tem um importante papel, já que é nos indivíduos mais desfavorecidos e em certos grupos que o fator ambiental incide mais diretamente e pode levar a uma problemática social. É sem dúvida um campo que nossa disciplina precisa desenvolver, pois, caso não o faça, outras disciplinas trabalharão com ele.

Partindo da premissa de que todos temos direito a um meio ambiente adequado, um novo elemento deve ser acrescentado à noção de bem-estar, em que se leve em conta a variável ambiental (socioambiental), por ser tão importante como qualquer outro aspecto, uma vez que, ao destruir o meio ambiente, se produzem lesões irreversíveis por toda a vida. Para haver qualidade de vida e bem-estar social, é fundamental um meio adequado, que respeite as necessidades das coletividades e, sobretudo quando se intervém, é preciso fazê-lo em colaboração com as pessoas afetadas, garantindo sua participação nesse processo. De acordo com o que foi exposto anteriormente, o Serviço Social, juntamente com a educação social e as atividades socioculturais, desempenham um papel primordial em todas essas questões.

## 3. O papel do técnico em ecodesenvolvimento e desenvolvimento comunitário integrado

Independentemente do ponto de chegada ou da formação realizada pelos diferentes profissionais da área social, temos um ponto de partida: o técnico em ecodesenvolvimento. É um trabalhador do social (assistente social, educador social etc.), cuja tarefa principal é sensibilizar os afetados, levando-os a encontrar maneiras de resolver os problemas, facilitando-lhes a informação, valorizando os êxitos e interpretando as falhas. A presença do técnico em ecodesenvolvimento favorece o surgimento de iniciativas em comunidades. O processo de autonomia permitirá a criação de uma identidade regional, fazendo com que os habitantes de cada comunidade tomem consciência de seus problemas comuns e se expressem no desenvolvimento de projetos comunitários de ecodesenvolvimento. Este último estaria ligado ao termo desenvolvimento comunitário integrado (o qual deverá ser incorporado ao Serviço Social comunitário), ou seja, o conjunto de atividades dirigidas a melhorar uma comunidade tanto material como socialmente, abrangendo aspectos da vida humana, econômica e de convivência social. Essa tese é muito interessante pelas circunstâncias socioambientais da chamada "crise rural", subjacente, entre outros, aos seguintes fatores: conseqüências do Mercado Comum, especialmente a PAC (Política Agrária Comum Européia), que paradoxalmente reduz as cotas de produção, embora a Espanha seja um país com claras conotações rurais e uma potência agrícola em si, o que tem incidências muito diretas na economia agrária. Aumento do setor de serviços com a conseqüente eliminação paulatina do setor primário. Espera-se que, em vinte anos, 85% da economia esteja destinada aos serviços. Abandono institucional e carência de recursos sociais. Degradação das terras e montanhas (deterioração ambiental). Falta de recursos financeiros e desencantamento da população rural ante um futuro incerto. Pobreza crescente de determinadas zonas e grupos. Desaparecimento de pequenos e médios proprietários (entre outros motivos, também pela PAC). Queda dos preços agrários.

Tudo isso, somado a um modelo dominante baseado na competitividade, na exploração dos recursos naturais, na acumulação de bens e riqueza nas "mãos de alguns poucos" e no empobrecimento de amplos setores da população, leva-nos a uma situação e a uma perspectiva de futuro muito preocupantes.

O mundo rural precisa de uma noção de desenvolvimento mais ampla, ou seja, "um desenvolvimento alternativo e diferente é aquele que conta com as pessoas e suas necessidades e que tem como meta o bem-estar da comunidade globalmente e não dos indivíduos desvinculados uns dos outros" (Tabares e Hernández, 1993).

Seria preciso acrescentar que "o desenvolvimento rural não é alcançado apenas mantendo a população no campo. O desenvolvimento implica que se trata de comunidades ativas, dinâmicas, vivas, cuja população constitui parte integrante da comunidade social mais ampla, com condições de vida e participação econômica, social e política similares às do restante da população" (idem, 1993: 106). São esses os argumentos que fundamentam um desenvolvimento comunitário integrado muito vinculado com a comunidade local, com sua natureza e estrutura. Sua tese é "uma idéia de progresso não apenas econômica, mas cultural e de promoção pessoal dos indivíduos através da participação voluntária e democrática nas tarefas coletivas que redundam em um bom uso do ambiente tanto cultural como social" (idem: 101).

## 4. Características do desenvolvimento comunitário integrado

Supõe um processo de transformações estruturadas. Suas ações são executadas com e para os mesmos membros da comunidade rural. Sua finalidade última é elevar e sustentar algumas condições socioeconômicas e culturais adequadas mediante o aproveitamento de seus recursos disponíveis tanto materiais como humanos e sociais. O desenvolvimento comunitário integrado leva-nos a uma abordagem integral, alcançando todas as dimensões, cujos aspectos são relacionados a seguir, a título de exemplo.

*Sociais*: são todos os relacionados com a convivência cidadã e o bem-estar social em geral; sociopolíticos: participação da população rural nas instituições, associações e fortalecimento do associacionismo; ecológicos: promoção do respeito pela natureza e da necessidade de sua conservação e desenvolvimento como objetivo prioritário.

*Culturais*: incentivo a projetos que levem à recuperação da identidade coletiva e das raízes históricas. Os serviços sociais comunitários no meio rural poderiam incluir, entre suas atuações, um programa de desenvolvimento comunitário integrado em que o técnico em ecodesenvolvimento seria o profissional que se encarregaria, entre outras, das seguintes tarefas:

- Informação e assessoria em temas socioambientais.
- Identificação, orientação e avaliação dos recursos; realização de estudos de viabilidade nas zonas rurais e do impacto socioambiental.
- Promoção da participação cidadã e institucional e dinamização social.
- Recuperação do meio natural e cultura endógena.
- Promoção da economia social pública e cooperativismo.

Reiteramos que nestas funções não excluímos nenhuma profissão da área social, já que a entendemos em uma perspectiva ampla e interdisciplinar e não em um sentido restrito.

## 5. Serviço Social ambiental

É óbvio que a exposição anterior fundamenta e justifica as bases do Serviço Social ambiental e seu campo de atuação, que é amplo, necessário e inquestionável, com especial ênfase no meio rural. A seguir, nos deteremos no mundo urbano, que também possui importância vital, apresentando novas necessidades e circunstâncias específicas. Mais adiante, faremos referência ao Serviço Social em sentido mais restrito, ou seja, a partir desse curso propriamente dito e dos profissionais formados nele. O recente trabalho de Natalio Kisnerman, *Pensar el Trabajo Social*, em seu capítulo denominado "Trabajo social y gestión ambiental", define a gestão ambiental urbana como "uma dimensão teórico-metodológica e crítico-operativa que, partindo do conhecimento e da análise da atual situação do mercado, no qual alguns atores estabelecem diferentes processos de uso dos recursos urbanos, permita impor um grau alternativo de racionalidade" (Kisnerman, 1998: 197). No meio urbano, o processo de agregação populacional produz sistematicamente mudanças quantitativo-qualitativas, ao modificar o quadro da demanda dos recursos, especialmente na periferia, que concentra um cenário no qual o problema ambiental se manifesta particularmente.

Nesse contexto, "o Serviço Social ambiental teria a função de integrar e coordenar ações destinadas a conscientizar a população sobre esse desafio para a humanidade e intervir com seus métodos e técnica para, na medida do possível, conseguir minimizar alguns desses efeitos com a comunidade" (Kisnerman, 1998: 199). Compete ao Serviço Social:

- Sensibilizar os diferentes atores sociais locais em relação à problemática do meio ambiente, articulando e coordenando grupos em torno de propostas específicas de respeito por todas as espécies vivas e de busca da harmonia com a natureza, de melhoria ambiental de modo a manter a higiene e a conservação do território habitacional e obter um melhor aproveitamento dos recursos.
- Gerar organizações de base para a gestão local, apoiando as tarefas dos municípios em matéria ambiental, desenvolvendo propostas de formação e capacitação destinadas a prevenir os problemas ambientais e manter seu meio ambiente em boas condições, assim como deter, e sempre que possível reparar, os danos causados. "O desenvolvimento deve ser compatível com a satisfação de necessidades da população, com a preservação e valorização dos recursos e do meio ambiente da sociedade, uma vez que a vida é o valor de que todos deveremos cuidar" (Kisnerman, 1998: 199).

Os questionamentos propostos a seguir são próprios de um campo recentemente incorporado na Espanha, que até o momento possui uma produção bibliográfica e científica escassa. Essas questões, de ordem axiológica, funcional, metodológica e epistemológica, embora implicitamente definidas, precisam ser desenvolvidas e concretizadas no futuro. O presente congresso poderia ser o ponto de referência e incentivo para todas essas propostas e iniciativas e o simples fato de ele ter sido realizado já constitui um marco no Serviço Social ambiental na Espanha.

Aproveitamos a oportunidade para fazer as seguintes propostas:

- Desenvolvimento de programas ambientais a partir dos serviços sociais comunitários e de outras instituições vinculadas ao tema. Cursos de formação permanente para os profissionais do Serviço Social em matéria ambiental. Atribuição de títulos de especialista em "Trabalho Social Ambiental" nas diferentes Universidades. Inclusão de disciplinas optativas sobre esse tema nos currículos de Serviço Social. Promoção de jornadas e congressos de profissionais da área social nesta matéria, com a participação de políticos e autoridades, de modo a conscientizá-los. Desenvolvimento normativo para garantir um meio ambiente ótimo. Consolidação das figuras do "assistente social ambiental" e/ou "técnico em ecodesenvolvimento".

Queremos finalizar incentivando os profissionais ligados a essa matéria a se conscientizar da importância da variável ambiental e a incluí-la nas políticas de bem-estar (que geram desenvolvimento), a se capacitar, pesquisar e publicar a esse respeito, uma vez que esse é um campo com futuro e um processo inexorável e o Serviço Social, sem dúvida, tem muito a contribuir e a dizer.

## Referências bibliográficas

DE SEMIR, V. (org.). *Crónica del medio ambiente 1997*. Novartis, 1997.

HAWLEY, A. H. *Ecología humana*. Madrid, Tecnos, 1982.

______. *Teoría de la ecología humana*. Madrid, Tecnos, s./d. .

JIMÉNEZ BLANCO, J. *Ecología humana: convergencia de los paradigmas sociológico y biológico*. Centro de Investigaciones Sociológicas (CIS).

KISNERMAN, N. *Pensar el Trabajo Social: una introducción al construccionismo*. Buenos Aires, Humanitas, 1998.

MICHEL, B. *La gestión de los recursos y del medio ambiente*. Madrid, Mundi-prensa, 1997.

TABARES, E. & HERNÁNDEZ, M. *El mundo rural. Ámbito de intervención social*. Madrid, CCS, 1993.

# Definição e conceito da Economia Social Solidária

*Andoni Romeo*

*Traperos de Emaús**
Pamplona, Espanha

Neste texto, tentamos elaborar uma aproximação ao conceito e a uma definição de Empresa Social Solidária, bem como às principais características desse tipo de empresas. Começaremos fornecendo uma visão mais global do que foi o desenvolvimento histórico dessa realidade, para prosseguir, na segunda parte, com uma análise mais ou menos sistemática das características que configuram e definem essa pluralidade complexa de experiências reais aglutinadas hoje sob a denominação de Economia Social Solidária (ESS).

---

* Associação sem fins lucrativos e não-confessional voltada ao trabalho social em diversas frentes. Site: http://www.emaus.org

## 1. Desenvolvimento histórico

O conceito de Empresa Social Solidária tem origem nos Encontros organizados em 1990 pelo Movimento de Emaús de Pamplona, com o tema *Marginalização social e Empresa Social Marginal*. Uma das conclusões desse fórum foi a conveniência de substituir o termo Empresa Marginal por Empresa Social Solidária, por considerar que o termo "marginal" era em si marginalizante.

A partir dessa data, vários grupos continuaram a reflexão sobre esse tema: a) o próprio grupo do Movimento de Emaús de Pamplona que, junto com outros grupos recicladores, continuaram a se aprofundar em uma realidade em que são destacados protagonistas; b) a Fundação Gaztelan de Pamplona que, além de ser o grupo que mais progrediu em uma sistematização teórica, levou seu compromisso à constituição de empresas desse tipo; c) indivíduos vinculados à criação de entidades sociais tão interessantes como APIM, Gazte Langura, SARTU e LANDUZ (Mesa Coordenadora de Ensinos Não-Regulamentares da Diocese); d) a equipe formada pela Associação Aurkilan e Bultz-Lan Consulting que, juntamente com a Jazkilan — empresa de confecção criada pela Cáritas de Gipuzkoa —, criaram em 1991 a Associação de Empresas Sociais Solidárias do País Basco, entidade que, desde seu início e por causas alheias a seus membros, ficou destituída tanto de conteúdos como de atividades; e) a decisiva aposta da Cáritas de Gipuzkoa — acompanhada nos últimos tempos e de forma mais parcial pela Cáritas de Biskaia — na criação e gestão de empresas capazes de integrar laboralmente pessoas com poucas perspectivas de inserção sociolaboral.

Todas essas linhas mais ou menos sistemáticas de reflexão e ação coincidem na Jornada Técnica realizada no Albergue de Beire durante os dias 4 e 5 de fevereiro de 1994. Nelas participaram 28 entidades de toda a Espanha e 3 pessoas isoladas, que representavam praticamente a totalidade dos grupos vinculados a partir de uma experiência de realidade com o tema. No decorrer do encontro, trabalhou-se com o documento proposto por Gaztelan, que foi aprovado quase em sua totalidade como linhas básicas das características necessárias às entidades que pretendam se identificar como ESS; exigências que possuem um caráter ideológico sem referência a aspectos legais de nenhum tipo. Nesse sentido, as jornadas de Beire, tanto por seu nível de participação como pelas conclusões elaboradas, marcam um ponto de inflexão na sistematização da reflexão sobre como agrupar experiências desse tipo sob um denominador comum.

Depois dessas Jornadas, realiza-se em março de 1994 o "Seminário sobre Empresas de Inserção", organizado pela Cáritas Espanhola no Escorial; espaço no qual o Movimento de Emaús, Gaztelan e Aurkilan apresentam o modelo de Empresa Social Solidária, registrado nas conclusões como um dos quatro modelos de Empresas de Inserção.

Nesse mesmo ano, 1994, tem lugar em Portugalete (Vizcaya) o V Encontro sobre Marginalização de Euskadi, organizado pela Escola Diocesana de Educadores (EDE), no qual o Aurkilan é encarregado de um dos seis seminários intitulado "Alternativas em nível microeconômico: a Empresa Social Solidária", em que se analisa, junto a pessoas implicadas na inserção sociolaboral, o desenvolvimento desse tipo de empresas como modelos alternativos ao atual sistema socioeconômico.

## 2. Características

Seguindo a linha das reflexões anteriores, podemos considerar que as Empresas Sociais Solidárias definem-se como empresas solidárias não apenas entre os trabalhadores que as compõem, mas também com seu entorno, e em especial com os mais desfavorecidos, estabelecendo algumas relações trabalhistas/pessoais/sociais que fazem com que as pessoas que integram essas empresas encontrem tanto seu desenvolvimento pessoal como profissional. Isso sem renunciar em nenhum momento à sua condição de empresas, ou seja, que sua manutenção se baseie em uma rentabilidade econômica em que os lucros igualem ou superem os custos, sem depender excessivamente de subvenções que completem seu orçamento.

Em seguida, passamos a descrever cada uma das características que definem as ESS de uma forma mais exaustiva:

### *2.1. Inserção*

Trata-se de *empresas de inserção,* tanto finalistas como de transição, cujo objetivo principal seja a qualidade de vida dos trabalhadores, acolhendo e reinserindo, por meio de um *apoio pedagógico,* pessoas com dificuldades de inserção.

Ainda que algumas empresas não possam contratar um determinado número de pessoas com dificuldades de inserção, embora preencham as outras características próprias das ESS, uma empresa só será considerada como empresa de inserção se no mínimo 25% de seu total de empregados for constituído de pessoas com tal dificuldade. É preciso favorecer processos de inserção com pessoas "normalizadas" e não criar centros estigmatizadores.

Como *grupos* prioritários a ser inseridos, e que anteriormente denominamos como "desfavorecidos", podemos enumerar os seguintes:

- Portadores de deficiências físicas, psíquicas e sensoriais.
- Pessoas submetidas a tratamento de desintoxicação de álcool ou drogas.
- Os condenados a penas privativas de liberdade, favorecidos por medidas alternativas previstas por lei.
- Imigrantes e refugiados.
- Desempregados sem recursos pessoais.
- Mulheres chefes de família.
- Minorias étnicas.
- Os que recebem salários sociais, rendas básicas etc.
- Outras pessoas sujeitas à reinserção social.

### *2.2. Empresa solidária*

As ESS não possuem um caráter lucrativo; são empresas *rentáveis economicamente*, entendendo por isso aquele orçamento em que os lucros compensam os gastos operacionais mais amortizações e impostos, tendo em conta que os primeiros anos de todo projeto empresarial costumam apresentar perdas.

Os *benefícios* que forem obtidos anualmente não serão divididos entre os sócios; serão destinados inicialmente a dar uma estabilidade à empresa, inclusive à criação de empregos, e, uma vez atendidas essas necessidades, o capital restante será destinado a outras empresas que estejam iniciando projetos de cooperação, criação de novos empregos etc. Os benefícios não serão distribuídos nem no caso de a empresa ser liquidada; eles serão destinados a outra empresa social.

Assim que a empresa tiver alcançado uma rentabilidade econômica, entendendo tal conceito como se descreveu anteriormente, cerca de 1% dos lucros deverão ser destinados a projetos de solidariedade (esse conceito será contabilizado como um gasto).

Nas ESS, o *capital social* será considerado como *fundo social* ou *solidário*, e os sócios só poderão resgatá-lo se saírem da empresa e se os outros sócios assumirem a sua parte ou, ainda, no caso de haver reservas. Cada empresa valorizará o tempo de devolução para não afetar negativamente a liquidez econômica das empresas. Esse fundo social, entendendo como tal unicamente o capital inicial investido, só será remunerado pela variação do IPC.

Outra característica das ESS é o financiamento solidário, uma vez que elas procuram promover a economia solidária por meio de bônus ou outras formas de financiamento solidário, cuja finalidade não é apenas apoiar outro tipo de ESS, mas empreender um trabalho de conscientização social. A legalidade da adoção dos bônus solidários é um dos pontos mais importantes a serem desenvolvidos para buscar fórmulas alternativas de financiamento de projetos que possam se converter em ESS.

Em relação aos *salários*, estes não poderão exceder o triplo do salário mínimo da categoria, e a escala de uns a outros não pode ser superior de 1 a 2. Cabe a cada empresa definir as categorias funcionais e o salário "social-solidário".

Em relação aos *direitos trabalhistas*, apesar de se estar trabalhando por um convênio comum para esse tipo de empresas, por enquanto cada empresa será regida pelo convênio do setor correspondente e deverá cumprir os direitos trabalhistas nele determinados.

### 2.3. *Participação*

Um dos desafios das ESS é criar métodos e procedimentos formativos para que todos os integrantes da empresa entendam todas as decisões de filosofia, gestão, balanços etc., permitindo que todas as pessoas envolvidas na empresa tenham direito de decisão. Cada pessoa deve ter condições de avaliar suas possibilidades e limitações, para poder discernir seu grau de implicação.

Em nível interno, opta-se por uma transparência econômica e um tipo de informação que chegue a todos os trabalhadores; e na comunicação externa, exige-se das ESS uma transparência externa.

Uma característica fundamental desse tipo de empresas é a pessoa; portanto, é conveniente não crescer excessivamente, não ter um número de trabalhadores superior a 20, para deixar a pessoa de lado centrando-se prioritariamente na empresa em si mesma. Se isso ocorrer, será preciso criar comitês intermediários para garantir o trabalho de inserção, próprio desse tipo de empresas.

Trata-se não apenas de ser solidários com a própria empresa e/ou seus trabalhadores, mas de fortalecer o ser social e solidário com o entorno.

## 2.4. Ecologia

A atividade a ser realizada pelas Empresas Sociais Solidárias no campo da ecologia deve ter presentes os seguintes aspectos como ponto de referência:

1. Processos de *trabalho limpos*: nesse sentido, serão privilegiadas atividades que não afetem negativamente o meio ambiente e que considerem a saúde laboral das pessoas implicadas no processo. Será dada prioridade à aplicação de tecnologias "brandas" ou "limpas".

2. A meta será *minimizar o consumo de energia* através da realização de "ecobalanços" energéticos.

3. Serão realizadas atividades econômicas que *minimizem a contaminação* ou, ao menos, reduzam o impacto ambiental e serão propostos planos de correção nos casos em que a atividade da empresa prejudicar o meio ambiente.

4. Será difundido um tipo de *filosofia da reciclagem* sobre uma série de pontos fundamentais como a redução do consumo, a reutilização de certos produtos e a reciclagem.

5. Será proposto um tipo de *relações comerciais eqüitativas* por intermédio do pagamento de um preço justo pelos produtos necessários e as relações de igualdade e respeito com outros projetos ou empresas.

6. Será favorecido o consumo responsável, educando o cidadão a optar por uma série de produtos ou serviços em que se prime pela qualidade, a forma de produzi-los, seus possíveis benefícios sociais, ambientais etc. e rejeitando aqueles produtos que possam ser considerados antiecológicos ou que direta ou indiretamente atentem contra a dignidade ou os direitos humanos.

## 3. A carta da Economia Social Solidária

Atualmente, a humanidade se defronta com alguns desafios fundamentais:

*Crise econômica*: deterioração das economias locais ou nacionais em benefício dos grandes grupos financeiros supranacionais, privilegiando o capital em detrimento do trabalho, desregulamentação dos mercados...

*Crise do emprego*: desemprego crescente, degradação das condições de trabalho, competição social desleal, redução de postos de trabalho...

*Crise social*: distribuição cada vez menos eqüitativa das riquezas entre os continentes e no interior de cada país, exclusão, isolamento, violência...

*Crise humana*: falta de perspectivas de futuro, ilusão do consumismo, individualismo, perda de ideais...

*Crise política*: desvalorização da ação dos poderes públicos e dos políticos, fragilidade da democracia e da noção de cidadania...

*Crise ambiental*: degradação acelerada do meio ambiente, acúmulo de resíduos, desertificação, redução da biodiversidade, efeito estufa...

Diante desses desafios, é preciso construir urgentemente um novo modelo de sociedade e redefinir o lugar da economia que deve ser solidária e estar a serviço da pessoa.

*A economia solidária* quer promover um desenvolvimento duradouro integrando as necessidades das gerações atuais e futuras. Tem como objetivo favorecer a expansão de cada ser humano e permitir que cada um equilibre o melhor possível, ao longo de sua vida, o tempo dedicado à formação, a uma atividade remunerada, ao voluntariado e à vida familiar ou pessoal. A economia solidária participa concretamente na luta contra as causas da exclusão e a pobreza e não apenas de suas conseqüências.

É um lugar para efetuar a experimentação e a promoção de novas formas de repartição justa dos benefícios e do tempo de trabalho, para empreender para um mundo solidário. Passando a constituir ponto de referência por suas realizações locais, a economia solidária é uma via alternativa e promissora para o conjunto da sociedade. Fundamenta-se na tolerância, na liberdade, na democracia, na transparência, na eqüidade e na abertura para o mundo.

### *3.1. Os quatro princípios da carta*

*Igualdade.* Satisfazer de maneira equilibrada os interesses de todos os protagonistas interessados pelas atividades da empresa ou da organização.

*Emprego.* O objetivo é criar empregos estáveis e favorecer o acesso a pessoas desfavorecidas ou pouco qualificadas. Assegurar a cada membro do pessoal condições de trabalho e uma remuneração digna, estimulando seu desenvolvimento pessoal e a assunção de responsabilidades.

*Meio ambiente.* Favorecer ações, produtos e métodos de produção não prejudiciais ao meio ambiente a curto e a longo prazo.

*Cooperação*. Favorecer a cooperação em vez da competição dentro e fora da organização (trabalhadores, empresários, sócios da associação ou acionistas da empresa, clientes, fornecedores, comunidade local, nacional e internacional).

Ao aderir à carta, a empresa ou a associação se comprometem a:

*Dar resposta* aos quatro princípios fundamentais e escolher objetivos prioritários na lista dos critérios complementares propostos na carta.

*Verificar regularmente* se suas práticas são coerentes com os princípios que se comprometeram a respeitar, *remediando* eventuais faltas e *publicando* a cada ano seu balanço solidário.

*Associar* nessa gestão o conjunto das pessoas envolvidas na empresa/organização. Os critérios complementares dizem respeito à maneira como a empresa ou a organização é gerida e estruturada, o que produz e seu compromisso para promover uma sociedade mais solidária.

É ilusório pretender satisfazer a totalidade desses critérios, uma vez que eles correspondem a uma empresa/organização solidária ideal. Cada empresa/organização signatária, em uma primeira fase, deverá avaliar seus pontos fortes e também suas falhas em relação ao conjunto desses critérios, de acordo com sua própria escala de valores. Numa fase ulterior, definirá os critérios que demandarão um esforço particular de sua parte em um prazo determinado.

Evidentemente, a aplicação desses critérios deve levar em conta as realidades locais e regionais (econômicas, sociais, culturais e outras) e as dificuldades específicas de cada setor de atividade.

### 3.2. Critérios complementares

Os produtos, serviços e ações propostas ou realizadas pela empresa/organização solidária contribuem para *melhorar a qualidade de vida*. Ela deve estar *integrada em seu âmbito local* do ponto de vista econômico, social e ecológico. Deve tender a reduzir os gastos indiretos a cargo da comunidade. Dialoga regularmente com os grupos ou pessoas mediante suas ações, produtos, serviços ou seus processos de produção.

A empresa/organização é gerida da forma mais *autônoma* possível com relação aos poderes públicos ou a toda terceira organização, mesmo que esta a financie.

Adota uma *posição crítica em relação aos excessos* induzidos pela corrida produtivista, pela competitividade e por investimentos tecnológicos.

Desenvolve ações comerciais justas.

A *circulação da informação* está assegurada dentro e fora da empresa/organização. Está ligada aos aspectos financeiros e humanos da gestão, às estratégias de desenvolvimento, à estrutura hierárquica da organização, a seu impacto na sociedade.

Os trabalhadores estarão *associados às decisões* que digam respeito a seu trabalho ou ao futuro da empresa, aos processos que favorecerão a democracia interna, entre outros, em termos de formação.

As *diferenças de salários máximos* serão definidas e controladas coletivamente.

Serão criadas fórmulas *de divisão de tarefas* acompanhadas da criação de empregos.

Será dada atenção especial *à qualidade do trabalho* e a uma *melhoria da qualificação* de todo o pessoal, graças, em particular, às avaliações, à formação e aos instrumentos de trabalho adotados.

Havendo *voluntários* na organização, será empreendida uma reflexão coletiva sobre o papel do voluntariado e suas condições de trabalho. Serão garantidas a eles uma integração e uma formação corretas. Contudo, a *prioridade* será o acesso ao *trabalho remunerado*.

A empresa/organização apóia *iniciativas solidárias* empreendidas no interior dos grupos ou regiões desfavorecidas.

Há uma série de princípios implícitos que não aparecem na carta, mas que necessariamente precisam ser cumpridos: uma boa gestão que assegure a perenidade da empresa/organização; respeito à legislação nacional e internacional em matéria de direitos humanos, direitos trabalhistas, direito social, bem como pelas regras promulgadas pela Organização Internacional do Trabalho (proibição do trabalho infantil, não-discriminação entre os sexos, etnias, nacionalidades ou com relação a minorias sociais ou culturais, respeito pela liberdade de opinião política e religiosa).

### *3.3. O comércio justo*

O comércio justo consiste em vender produtos fabricados em condições de respeito pelos interesses fundamentais das pessoas que os produziram.

Na Europa, os produtos de comércio justo são encontrados em três mil "Lojas do Mundo", 30 cadeias de supermercados, outras centenas de lojas, além de milhares de grupos de solidariedade voluntária que realizam campanhas de informação paralelas.

As centrais de importação européia do comércio justo são federadas no interior da EFTA (European Fair Trade Association). As redes regionais de lojas do mundo fazem parte do NEWS (Network of European World Shops).

O comércio justo é regido por uma série de princípios que comprometem tanto os produtos-sócios do Sul como as redes de distribuição do Norte. Esses princípios não constituem normas rígidas, mas se inscrevem num processo de desenvolvimento e apoio aos trabalhadores e produtores do Sul com o objetivo de melhorar suas condições de trabalho. Em janeiro de 1994, o Parlamento Europeu redigiu um informe e adotou uma resolução que propôs apoiar e consolidar o movimento de comércio justo e integrar seus princípios nas políticas da União Européia e seus estados-membros.

### *3.4. Os princípios do comércio justo*

Os princípios a seguir mencionados são completados, de acordo com as redes regionais de comércio justo, por critérios que envolvem, em especial, a gestão democrática das organizações de produção, a falta de discriminação (em relação às mulheres, às minorias sociais e culturais), o compromisso dos produtores de oferecer produtos de qualidade, dentro de prazos corretos e em quantidades suficientes.

O comércio justo tem as seguintes características:

*Remuneração* da produção que possibilite aos produtores e a suas famílias um nível de vida adequado; isso implica um preço justo, pagamentos adiantados, quando necessário, e uma relação comercial de longo prazo.

*Condições de trabalho* para os produtores que não prejudiquem, a curto e longo prazo, seu bem-estar físico, psicológico ou social.

*Produção econômica e ecologicamente sustentável,* que atenda às necessidades da geração atual sem comprometer a capacidade de as gerações futuras atenderem suas próprias necessidades.

Utilizar os meios mais eficientes *para levar um produto* do produtor ao consumidor, evitando especuladores e intermediários desnecessários.

*Condições de produção e comercialização* que reservem um tratamento preferencial à participação dos produtores nas decisões, uma produção interna, pequenas e médias empresas e a distribuição eqüitativa dos lucros gerados.

*Campanhas de sensibilização* no Norte sobre a relação entre a escolha dos consumidores e a vida dos produtores e condições de trabalho.

*Trabalho de "campanhas"* que se destine a mudar as injustas estruturas de comércio internacional.

### *3.5. A auditoria social*

A auditoria social é um processo que permite que uma organização avalie sua eficácia social e seu comportamento ético em relação a seus objetivos, de modo a poder melhorar seus resultados sociais ou solidários e fazer com que todas as pessoas comprometidas por sua atividade tenham conhecimento deles. A auditoria social permite integrar de maneira estruturada esses diferentes aspectos na gestão cotidiana de uma empresa, bem como empreender uma "contabilidade social".

A auditoria social sempre será feita de modo a corresponder melhor aos próprios objetivos da organização ou empresa, a seu contexto cultural e a suas potencialidades. Um aspecto importante do processo é o *diálogo* com o conjunto dos grupos ou *pessoas comprometidos*: membros do pessoal, clientes, comunidade local, acionistas e outros.

São cada vez mais numerosas as empresas que desejam assumir plenamente sua "responsabilidade social" (práticas honestas, transparência de gestão, harmonia com o ambiente externo...). A auditoria social já é experimentada em inúmeras empresas de diferentes tamanhos e que atuam em vários setores em todo o mundo.

### *3.6. Os princípios da auditoria social*

Para poder referir-se a uma norma internacional e permitir uma aplicação adequada da auditoria social, definiram-se princípios chaves remetendo a experiências já adquiridas.

O princípio fundamental da auditoria social é o seguinte: "gerar uma melhoria permanente do resultado solidário da empresa".

Os seguintes princípios definem as qualidades que uma boa auditoria social deve reunir.

*Perspectiva múltipla*: incluir o ponto de vista de todas as pessoas comprometidas pela atividade da empresa.

*Completa*: cobrir todos os aspectos do resultado social e ambiental da empresa.

*Comparativa*: ferramentas de comparação de um período a outro, em relação com organizações similares e com normas sociais estabelecidas utilizando indicadores qualitativos e quantitativos pertinentes.

*Regular*: trata-se de um processo de longo alcance e não de uma operação isolada.

*Controlada*: por controladores externos sem implicações na atividade da empresa.

*Pública*: os informes regulares que se referem ao desenvolvimento da auditoria social devem ser publicados e comunicados a todas as pessoas comprometidas (tanto internas como externas).

Os princípios e critérios destacados nessa carta deverão ser rediscutidos ao final de dois anos e com base na experiência adquirida. Trata-se, além disso, de empreender, por região, um sistema de controle dos compromissos solidários de cada signatário.

A carta *Empreender por um mundo solidário* é uma iniciativa de redes e operadores de economia social ou solidária situados em diferentes regiões da União Européia e congregados na associação européia *Horizon*.

Essas redes representam empresas e organizações que contribuem para a criação de emprego, sobretudo para pessoas desfavorecidas ou pouco qualificadas. Essa carta foi realizada com a participação financeira da União Européia no âmbito do programa de iniciativa comunitária "Emprego".

# Meio ambiente, emprego e exclusão. Reflexões em torno de uma estratégia local que integre o social, o econômico e o ecológico

*José María Elvira**

## 1. Introdução

Reunindo as recomendações da União Européia a partir da publicação do *Livro Branco sobre Crescimento, Competitividade e Emprego*, entendemos por "novos filões de emprego" aqueles setores de trabalho que se relacionam com as novas necessidades sociais, individuais ou coletivas e oferecem possibilidades de criação de emprego em um território concreto.

---

* Pesquisador que atua na *L'Arca del Maresme*, empresa de economia social, situada na Catalunha. Esta empresa é voltada para a integração social da população desprotegida, por meio de iniciativas ambientais (gestão de resíduos e reclicagem).

A identificação de novas demandas sociais e de novas necessidades no âmbito dos serviços ambientais pode contribuir para a criação de emprego estável e de qualidade.

Dessa maneira, é oportuno conjugar a necessidade de criação de novos filões de emprego com a detecção de necessidades/oportunidades, que permitam impulsionar iniciativas dentro de um projeto global de desenvolvimento sustentável do território.

Uma vez identificadas as oportunidades que o setor ambiental oferece como gerador de emprego de futuro, encontramo-nos diante do desafio de encontrar sua utilidade para as pessoas em situação de exclusão. Utilizar os detritos da sociedade como ferramenta para conseguir a inserção sociolaboral das pessoas excluídas não é apenas uma tentação, mas supõe uma oportunidade que não pode deixar de ser aproveitada.

A luta contra a exclusão social é uma responsabilidade da sociedade e, portanto, deve integrar toda ação de governo. As políticas assistenciais não são uma perspectiva de futuro, não podem ser a única resposta das políticas sociais.

A atenção das necessidades das pessoas em situação de exclusão foi protagonizada até há alguns anos principalmente por organizações religiosas e entidades públicas e privadas de assistência social. Esse fato permitiu que esse trabalho fosse levado a cabo com uma grande sensibilidade e uma grande compreensão pelas dificuldades dessas pessoas.

Não obstante, há algum tempo, percebeu-se a necessidade de dar um passo além nessas decisões, trabalhando na inserção social pelo econômico. Nesses momentos, as políticas sociais mais inovadoras contemplam a inserção pela ocupação como uma ferramenta imprescindível na luta contra a exclusão social.

Essa tendência foi-se concretizando com a adoção de programas formativos específicos para grupos desfavorecidos, e sobretudo com um incremento na criação de empresas sociais ou empresas de inserção.

## 2. Itinerários de inserção

Para se adequar às necessidades das pessoas com dificuldades, um itinerário de inserção deve contemplar um espectro bastante amplo de intervenções:

*Sociais:*

- atenção,
- orientação,
- estabelecimento de objetivos e
- hábitos e atitudes.

*Formativo-Laborais:*

- formação laboral,
- prática pré-laboral,
- contratação,
- e outras, em função da situação pessoal, no âmbito terapêutico.

Essas fases necessitam da participação de profissionais diferentes (terapeutas, psicólogos, assistentes sociais, pedagogos, educadores, empresários etc., que precisam manter atitudes e exigências diferentes. Parece conveniente que esse processo, que pode ser longo, seja realizado por mais de uma entidade.

A intervenção formativo-laboral é o aspecto do itinerário oferecido pelas empresas de inserção. Até mesmo alguns documentos de trabalho elaborados como marco de uma futura Lei de Inserção contemplam, por um lado, as "Entidades promotoras da inserção" e, por outro, as "Empresas de inserção".

## 3. Empresas de inserção

As empresas de inserção são estruturas produtivas permanentes, que não visam lucro e incorporam de forma transitória ou definitiva em seu quadro de pessoal uma porcentagem importante (50/70%) de pessoas que se encontram em situação de exclusão social, e pretendem oferecer produtos e serviços de qualidade sem esquecer os critérios de rentabilidade social e de solidariedade humana.

Essas empresas oferecem um serviço adicional à comunidade que, a curto, médio e longo prazo, economiza recursos em gastos de assistência social, contribuindo para gerar benefícios em termos fiscais, econômicos e produtivos no território em que atuam, embora tenham algumas dificuldades para se situar no mercado e se consolidar:

- Pouca capacidade de investimento e endividamento.

- Dificuldades de imagem e credibilidade ante a sociedade quanto à capacidade de oferecer serviços corretos e competitivos.
- Dificuldades econômicas para pagar salários competitivos e contratar bons profissionais.
- Baixo rendimento dos grupos com dificuldades especiais.

As principais diferenças entre uma empresa de inserção e uma empresa comum são as seguintes:

- A necessidade de contar em seu pessoal com formadores especialistas nos setores de atividade da empresa, com capacidade e formação para dirigir as equipes de trabalho e com conhecimentos sociopedagógicos sobre os grupos em situação de exclusão.
- A necessidade de criar postos de trabalho naqueles setores de atividades suscetíveis de incorporar pessoas com dificuldades.
- Em princípio, a grande maioria das empresas de inserção dedica seus benefícios ao reinvestimento na criação de novos postos de trabalho.
- Uma boa parte das empresas de inserção também possui mecanismos de participação dos trabalhadores nas empresas.

Contudo, parece conveniente um funcionamento como empresas normalizadas, nos seguintes aspectos:

- Análise de mercados.
- Planos de gestão de empresa.

- Organização.
- Estratégias de marketing.
- Desenvolvimento de atividades rentáveis.
- Capacidade de competir com as demais empresas.
- Assessoria adequada.
- Classificações empresariais.
- Certificações de qualidade.
- Oferta de produtos e serviços competitivos e de qualidade.

Em suma, é imprescindível chegar a um funcionamento que permita obter o reconhecimento e a confiança de todos os agentes que atuam no mercado.

## 4. Setores de trabalho

É importante descartar logo de início a possibilidade de desenvolver atividades projetadas para a empresa comum. Se a empresa comum não está interessada em um setor de trabalho é porque este não é rentável.

Uma empresa de inserção precisa contar necessariamente com um certo *déficit* de rendimento das pessoas com dificuldades, razão pela qual precisa empreender atividades que possam compensá-lo.

É muito importante avaliar as possibilidades futuras dos mercados de trabalho a serem desenvolvidas por parte das empresas de inserção. Pois o esforço de capacitação e adaptação que requer o desenvolvimento de qualquer atividade para as pessoas em situação de exclusão obriga a avaliar com o máximo cuidado as possibilidades de manutenção dos postos de trabalho.

Precisamos conhecer as tendências mundiais, de modo a poder prever a possível substituição, em determinados setores, de mão-de-obra por maquinário. Pretender competir com empresas que por esse motivo podem apresentar os orçamentos mais competitivos é condenar-se ao fracasso.

## 5. Gestão e participação

Para poder se consolidar, uma empresa de inserção precisa ser dirigida por uma equipe de gestão, com os conhecimentos técnicos necessários para garantir o desenvolvimento correto das atividades. Evidentemente, não é realista pensar que um grupo com dificuldades particulares seja capaz de cuidar de si mesmo sem uma participação/implicação total de pessoas capazes de gerir uma empresa.

Demasiados recursos econômicos europeus e estatais foram aplicados, com pouco êxito, a programas que pretendiam a autogestão de grupos desfavorecidos.

Se, em uma empresa comum, a participação e a motivação dos trabalhadores são consideradas cada vez mais importantes, em uma empresa de inserção atingir esses objetivos é um desafio difícil, porém estimulante.

Outro desafio importante, e talvez ainda mais difícil, é o de que as empresas de inserção sejam capazes de preparar as pessoas para conseguir sua inserção laboral em empresas comuns.

A dinâmica desenvolvida durante muitos anos no campo da assistência social, as necessidades e dificuldades, às vezes muito importantes, dessas pessoas, freqüentemente geram práticas de superproteção nas empresas de inserção, que em nada se parecem com as relações de trabalho reais que se estabelecem entre qualquer empresa e seus trabalhadores. Essa realidade gera uma dependência da empresa social, que dificulta a motivação para ter acesso a um posto de trabalho em outro tipo de empresa.

## 6. Coordenação das empresas. Redes

Em todos os sentidos, o trabalho e a coordenação através de redes autônomas estatais e européias são muito importantes para as empresas de inserção. Essas redes estão permitindo o progresso nos seguintes aspectos:

- Elaboração e defesa de propostas comuns para a formulação de um campo jurídico que regule, reconheça e fortaleça o trabalho das empresas de inserção.
- Elaboração e defesa de emendas às leis que se referem ao tratamento dos resíduos.
- Projetos comuns de tratamento e comercialização de resíduos.
- Apresentação de iniciativas comuns para a obtenção de recursos.
- Reflexão e debate sobre problemas comuns.
- Metodologia e sistemas de trabalho.
- Tecnologia.

## 7. Marketing

O marketing nas empresas sociais é um aspecto tão ou mais importante que em outras empresas.

Em geral, misturou-se indiscriminadamente o fortalecimento de uma melhoria da imagem dos grupos excluídos com a intenção de captação de mercado por parte das empresas de inserção. Esse tipo de atuação pressupôs uma valorização importante da função social das empresas de inserção, mas não teve tanto sucesso no momento de conseguir trabalho que permita a criação de emprego, que é o principal objetivo dessas empresas.

Melhorar a aceitação das pessoas desfavorecidas é muito importante, mas é uma tarefa que certamente precisa ser realizada por entidades públicas e privadas que trabalham no campo da assistência social. Enquanto isso, as empresas de inserção devem desenvolver estratégias de marketing destinadas a obter cotas de mercado por ser capazes de oferecer serviços e produtos de qualidade, não por realizar uma função social.

## 8. Legislação

Até o momento não existe um âmbito jurídico que reconheça e regule as empresas sociais ou empresas de inserção. Não obstante, houve uma série de iniciativas que permitem supor que estamos prestes a conseguir a elaboração de leis ou normativas nesse sentido. Alguns exemplos dessas iniciativas são os seguintes:

- Modificação da Lei de Contratos do Estado, que facilita o acesso das entidades sem fins lucrativos às concorrências públicas para a gestão de serviços e benefícios mediante cláusulas sociais.

- Lei de Acompanhamento dos Orçamentos Gerais do Estado, que confere às entidades sem fins lucrativos um bônus de cerca de 65% da Previdência Social nos contratos de pessoas em situação de exclusão.
- Os documentos de trabalho elaborados e debatidos no setor nestes últimos anos, como base para a promulgação de uma Lei de Empresas de Inserção, que até o momento não teve o resultado esperado.
- Algumas iniciativas em diferentes âmbitos de regulamentação jurídica dessas empresas.

## 9. Mercado protegido

O instrumento básico que pode permitir a superação das dificuldades para a criação e consolidação de empresas de inserção é o mercado protegido.

A Administração Pública tem, por um lado, a responsabilidade de facilitar a incorporação dos grupos excluídos ao mercado de trabalho e, por outro, de contratar algumas obras e serviços. O mercado protegido consiste em fechar o círculo e oferecer uma cota desse mercado público às empresas sociais e empresas de inserção, gerando assim, com orçamentos comuns, não apenas valorizações econômicas mas também valorizações sociais.

O mercado protegido deve cumprir o papel de impulsionar e consolidar as empresas de inserção, que, assim que tiverem alcançado esse objetivo, devem introduzir-se pouco a pouco no tecido comum produtivo do setor.

O instrumento para desenvolver essa política social alternativa de inserção laboral é a inclusão de cláusulas sociais obrigatórias na contratação pública de obras e serviços suscetíveis de incorporar trabalhadores com dificuldades especiais.

As cláusulas sociais na contratação pública devem ser um elemento de discriminação positiva de máxima objetividade. Devem estar incluídas no processo de licitação, ou seja, devem ser conhecidas e aceitas pelos potenciais licitadores. Um comunicado de bases que permita que as empresas de inserção possam concorrer sozinhas ou aliadas a empresas comuns garante a livre concorrência e não faz do mercado protegido um mercado fechado. Essa fórmula permite também empreender experiências reais, não simuladas, e facilita o acesso ao mercado comum.

O Livro Branco da União Européia, sobre o "Crescimento, a Competitividade e o Desemprego", diz que a pobreza, os desempregados e as pessoas sem-teto são os grandes desafios que devem ser enfrentados no começo do século XXI, com o trabalho como fator de integração social. O Livro Branco avalia as políticas ativas para lutar contra a exclusão social.

O Livro Verde sobre a "Contratação Pública na União Européia: Reflexões para o futuro", no capítulo de contratação pública e aspectos sociais, aborda a necessidade de utilizar a discriminação positiva na concessão de contratos públicos, como instrumento de política social para alcançar os objetivos de inserção de pessoas desfavorecidas, e a constituição de um mercado cativo que não gere concorrência desleal em relação a empresas tradicionais.

Na União Européia, as administrações dedicam anualmente cerca de 720 bilhões de euros para a aquisição de bens e contratação de obras e serviços.

A exigência de adequação de nossa legislação interna e de nossa política social à organização jurídica e às diretrizes em matéria social da União Européia abre algumas possibilidades muito importantes no âmbito da contratação pública, como instrumento de luta contra a exclusão social.

Nestes últimos anos, desenvolveram-se algumas experiências, nos setores da construção e do meio ambiente, de inclusão de cláusulas sociais em concursos públicos, principalmente na Catalunha, que tiveram notável sucesso.

Os estudos jurídicos realizados nesse sentido levam à conclusão de que em nossa situação jurídica atual é possível e se ajusta ao Direito incluir cláusulas sociais nas licitações de obras e serviços públicos. Será conveniente, sem dúvida, elaborar procedimentos que evitem a colisão de Direitos.

É estimulante considerar que já existem alguns precedentes jurídicos na Espanha e em outros países da União Européia, em favor da discriminação equilibrante ou discriminação positiva.

## 10. O setor dos resíduos

As empresas sociais que nestes últimos anos têm trabalhado no setor da recuperação e reciclagem de resíduos defrontaram-se com algumas dificuldades, como estas:

- A maioria dos subprodutos mantinham uma tendência constante de queda dos preços (papel, papelão, resíduos de ferro e têxteis, óleos e gorduras usados etc.)
- Ausência de leis, regulamentações recentes que não se aplicavam, leis à espera de promulgação etc.
- Pouca demanda de produtos recuperados ou reciclados.
- Falta de sensibilidade em relação à necessidade de reutilizar materiais, o que supunha uma falta de interesse por parte da Administração Pública.

Essa situação obrigou as empresas de inserção a se profissionalizar, com o objetivo de estar em condições de se apresentar às Administrações como empresas preparadas para realizar Serviços Públicos de qualidade, no campo da coleta, limpeza e gestão de resíduos.

Os serviços que se desenvolveram foram principalmente estes:

- Coleta, recuperação e reciclagem de objetos volumosos.
- Gestão de "Pontos Verdes".
- Coleta de papel, papelão e pilhas em estabelecimentos.
- Coleta seletiva dos contêineres de latas, vidro, papel e papelão.

As empresas que optaram por esse caminho foram as que encontram mais possibilidades de tornar suas atividades rentáveis e, a partir da estabilização econômica, puderam gerar postos de trabalho em seus estabelecimentos de tratamento e recuperação de materiais:

- Conserto e restauração de móveis.
- Fabricação de móveis com madeira reciclada.
- Trituração de madeira para aglomerado.
- Seleção e comercialização de metais, roupas, garrafas de vidro.
- Conserto de eletrodomésticos.

Essas atividades, que são o denominador comum das empresas de inserção que trabalham no setor da recuperação de resíduos, estão recebendo progressivamente um reconhecimento político e civil, devido à necessidade, cada vez mais evidente, de redução de resíduos e reutilização de materiais.

# A Associação Coordenadora contra o Desemprego de Torrelavega e a ação socioambiental

*Juan José Gutiérrez González**

## 1. Introdução

A Associação Coordenadora contra o Desemprego de Torrelavega e Comarca nasceu em 1982, embora só tenha se constituído formalmente em 1984. Um grupo de pessoas de um bairro operário vinculado à Paróquia da Assunção de Torrelavega formava o núcleo original da associação.

Nessa época, surge em Torrelavega a experiência do voluntariado comprometido na luta contra o desemprego e a marginalização social. É fruto de uma reflexão coletiva sobre os problemas econômicos e sociais da época em Torrelavega. Nos anos 1980, a transformação industrial sacode a população em geral, as

---

* Líder da Associação Coordenadora contra o Desemprego de Torrelavega, situada na região da Cantábria, ao norte da Espanha.

grandes fábricas reduzem drasticamente seus quadros de pessoal, desaparece uma plêiade de pequenas fábricas que haviam nascido em torno das grandes empresas e em conseqüência um total de 7 mil trabalhadores aparecem inscritos nas listas do INEM (Instituto Nacional de Empleo).

Entre essa grande quantidade de pessoas verificam-se situações de autêntica necessidade econômica e de processos de exclusão social que devem ser combatidos a partir do indivíduo e a partir dos grupos sociais militantes da luta contra a injustiça social. É esse o contexto no qual o compromisso de todos aqueles que intervieram no processo reflexivo desembocou na criação da Associação.

O movimento civil, nascido com um grande respaldo popular, conseguiu mobilizar e dinamizar os diversos agentes sociais, centrando o debate social no grave problema do desemprego em nossa comarca e em todos aqueles outros derivados deste (fracasso pessoal e familiar, exclusão social etc.). Além disso, a mobilização de centenas de voluntários possibilitou a ampliação de uma consciência social a um grupo muito numeroso de cidadãos de Torrelavega. Se, num primeiro momento, o trabalho de conscientização da cidadania, de denúncia da realidade social e de mobilização foi prioritário, posteriormente deu-se uma orientação mais ampla às ações de nossa Associação para a melhor realização de seu objetivo geral, que é zelar pelos desempregados de nossa comarca para que tenham uma existência digna, moral e materialmente, e para que não lhes faltem os meios necessários, os auxílios e todo tipo de assistência. Isso é obtido de diversas maneiras:

- Promovendo o desenvolvimento social e econômico da comarca.
- Mantendo contato com as administrações para que os problemas dos desempregados cheguem até os responsáveis políticos.
- Favorecendo a criação de empresas de economia social.

Mediante a criação de empresas de economia social, a Associação Coordenadora contra o Desemprego optou pelo compromisso direto na criação de emprego de qualidade como meio direto para a solução dos problemas de nossos concidadãos desempregados. Assumir esse compromisso representou naquele momento e ainda hoje representa um grande desafio, não isento de riscos importantes.

Num primeiro momento, criou-se a *Escola Infantil Ilha Verde*, onde se integram em condições de igualdade crianças procedentes de famílias com problemas socioeconômicos, crianças portadoras de deficiências, de minorias étnicas e crianças em situações estáveis. Os objetivos foram, em primeiro lugar, dotar a cidade de um serviço com que ela não contava; em segundo lugar, oferecer às famílias economicamente necessitadas soluções educativas de qualidade, desenvolvendo um modelo educativo inovador; e, por fim, proporcionar novos postos de trabalho a jovens desempregadas. Em seguida criou-se o *Autoservicio Coorcopar*, que oferece uma atenção diferenciada aos desempregados, desde a consideração desse estabelecimento como um lugar de reunião das famílias desempregadas e de conscientização e difusão das atividades da Coordenadoria contra o Desemprego. Em sua época, foi o primeiro estabelecimento com essas características, destinado exclusivamente a desempregados. Os beneficiários, ou seja, os desempregados e seus familiares diretos, têm acesso a essa condição com o preenchimento de uma ficha sobre sua situação funcional. A partir desse centro também são gerenciados os auxílios concedidos por outras instituições.

Posteriormente, inaugurou-se o Centro Social, sede da organização e porta aberta para a atenção ao conjunto de desempregados de nossa comarca, onde são recebidos pela manhã e à tarde. Nesse centro, além da atenção pessoal, é fornecida orientação de trabalho e apoio nas questões burocráticas, além de se ajudar os beneficiários do serviço a procurar emprego.

Também foi determinante a criação do *Catering Coorcopar*, uma instalação moderna e funcional já consolidada entre as empresas de hotelaria da região e um instrumento eficaz para a criação de empregos. Os trabalhadores dessas empresas ficaram muito tempo desempregados, em especial as mulheres chefes de família e, em numerosas ocasiões, afetadas por rupturas familiares. Atualmente, com o objetivo de incrementar a qualidade de nossos produtos, inaugurou-se a *Granja Agropecuaria Corbán*. Nessa granja criam-se animais de forma natural para o consumo do *Catering Coorcopar* e do nosso *Autoservicio*.

No Centro de Formação, desenvolvem-se os programas de formação, tanto financiados pelo Ministério da Educação dentro do programa Garantia Social quanto pelo FSE (Horizon I, II e Integra), que é promovido por nossa Associação contando com o co-financiamento do Governo Regional. Nesse momento, a Coordenadoria contra o Desemprego é a entidade promotora do Projeto Amanhecer incluído na Iniciativa Comunitária Integra que, juntamente com a formação e recuperação de desempregados de longa duração, pretende iniciar o que denominamos de "Ponto limpo" (lugar de coleta de resíduos sólidos urbanos), assim como um centro de reciclagem e reutilização de resíduos e um centro de educação ambiental. Tudo isso será instalado em alguns galpões industriais centrais em Torrelavega.

## 2. A Ação Socioambiental

A última empresa criada, *Coorcopar Gestión Medio Ambiental*, conjuga a criação de emprego com a conservação do meio ambiente, explorando este novo nicho de emprego. Desde 1997, um numeroso grupo de desempregados de longa duração, atualmente 70, superam essa situação efetuando trabalhos de manutenção de praias, rios e jardins etc. Esses serviços são realizados graças a convênios de colaboração com a Secretaria do Meio Ambiente do Governo de Cantábria.

Através da formação e capacitação dos trabalhadores, pretende-se dar emprego a jovens que estão ingressando no mercado de trabalho e a desempregados de longa duração ou a pessoas portadoras de deficiências. Com a inserção laboral consegue-se aumentar a auto-estima e possibilitar o estímulo das capacidades dessas pessoas. Por fim, *Coorcopar Gestión Medio Ambiental* ajuda a manter e recuperar a qualidade ambiental de nossa terra em pontos extremos que influenciem positivamente setores econômicos como o turismo e a qualidade de vida dos próprios habitantes da região, envolvendo e aumentando a sensibilidade dos agentes sociais e de todos os cidadãos na proteção do meio ambiente.

A Coordenadoria contra o Desemprego considerou a necessidade de enfrentar o desafio da luta contra a injustiça social unindo seus esforços aos de outras organizações igualmente comprometidas. Temos consciência de que o sucesso de atividades inovadoras é mais difícil isoladamente que com o respaldo de grupos mais importantes em forma de redes de associações. Por isso nossa organização participa naquelas redes que possam proporcionar soluções aos grupos de beneficiários com os quais trabalhamos. Assim, nossa associação pertence ao grupo Gea, juntamente com outras organizações italianas e gregas, para promover o intercâmbio de experiências transnacionais entre entidades européias, à Rede Estatal de Economia Alternativa e Solidária (REAS) e à Rede Espanhola de Promoção e Inserção Sociolaboral.

A Coordenadoria contra o Desemprego é a promotora de um projeto formativo financiado pelo Fundo Social Europeu e pela Delegacia Regional de Cantábria por meio da Secretaria de Bem-Estar Social e da Secretaria do Meio Ambiente e Organização do Território.

Nossa associação participou do concurso de projetos europeus incluídos na Iniciativa Européia Comunitária Emprego Integra, uma vez que se detectaram grandes necessidades formativas em nossa comarca, além de ser preciso também oferecer alternativas empresariais dotadas de um alto valor inovador em uma área economicamente deprimida como a Comarca do Besaya. Nessa Comarca há mais de 6 mil pessoas em busca de emprego inscritas no INEM. Os números do desemprego aumentam principalmente entre mulheres, maiores de 40 anos e jovens que procuram seu primeiro emprego.

O Projeto Amanhecer, cujos objetivos básicos são a inserção laboral dos beneficiários, recuperando a pessoa para a sociedade e para o mundo do trabalho, visa proporcionar uma importante e sólida formação em áreas como a proteção ambiental e a gestão de resíduos tanto urbanos como industriais. Além disso, o projeto prevê a criação de algumas instalações que servirão como ponto limpo industrial na cidade de Torrelavega, gerando cerca de 15 postos de trabalho. Para a realização dessas instalações, é necessária a elaboração de estudos de mercado para identificar os resíduos valorizáveis e comercializáveis que permitam a manutenção econômica do estabelecimento industrial e dos postos de trabalho.

Os beneficiários desse programa de formação foram em algum momento expulsos do mercado de trabalho e, em decorrência de sua dificuldade de se reciclar em novas profissões ou ofícios, dificilmente encontram um novo trabalho no mercado regular. Por isso encontram-se em uma situação de grande necessidade, dependendo economicamente de outras pessoas, e apresentam uma crescente desmotivação que implica uma grande deterioração psicológica e uma baixa auto-estima. Esses beneficiários são, portanto, desempregados de longa duração, englobando principalmente o grupo de pessoas com mais de 40 anos, mulheres chefes de famílias, membros de minorias étnicas, imigrantes e outros grupos com diversos problemas sociais (dependências, marginalização etc.). No total, foram atendidas 39 pessoas.

Nosso programa formativo se divide em duas partes diferenciadas:

*Área de formação*, na qual se desenvolvem métodos pedagógicos alternativos ao sistema tradicional, em busca de uma formação motivadora e completa, destinada a sanar carências formativas e pessoais de cada beneficiário. Nesse ponto, distinguem-se duas partes: na primeira, atualizou-se a cultura básica de cada formando, abordou-se a preparação para o mundo do trabalho, analisando a legislação reguladora desse assunto, além de se abordarem as técnicas de busca de emprego. Desse modo, o beneficiário terá condições de adquirir as habilidades sociais que facilitem sua inserção laboral. Na segunda parte, abordamos o programa técnico destinado a trazer experiência tanto na proteção do Meio Ambiente como na coleta seletiva de lixo e na reciclagem de resíduos sólidos urbanos, de modo a formar os beneficiários do programa na gestão de resíduos industriais.

A coleta seletiva foi analisada principalmente sob a perspectiva da gestão de pontos limpos, capacitando os alunos para o bom funcionamento de um ponto limpo e para a divulgação de informação entre os usuários desses pontos limpos.

Criaram-se várias oficinas de reciclagem: madeira (móveis e *palets*) e eletrodomésticos. Com esse programa de formação, pretendeu-se não só capacitar e formar os alunos em uma atividade profissional com projeção futura, mas desencadear entre os beneficiários atitudes ativas e positivas capazes de superar modelos repletos de desânimo e conformismo, partindo de uma formação humana e profissional completa que procure sempre uma atenção individualizada a cada aluno e leve à recuperação de seu estado de ânimo.

*Criação de um ponto limpo urbano*, um centro de divulgação ambiental e um centro de gestão de resíduos industriais. Essas infraestruturas são financiadas pelo Fundo para o Desenvolvimento das Regiões (FDR). Esse centro será criado em um galpão de 1.135

$m^2$ das antigas Oficinas Obregón, que será dotado de uma estrutura com 3 andares úteis, atingindo portanto uma superfície total de 2.083 $m^2$. Os objetivos básicos do centro obedecem aos critérios globais de gestão de resíduos gerados no âmbito urbano. Trata-se de possibilitar e de promover a Recuperação, Reutilização e Reciclagem daqueles resíduos que, por suas características especiais, não podem ou não devem ser tratados do mesmo modo que os resíduos sólidos genéricos contidos nos sacos de lixo.

O artigo 1º do Real Decreto Legislativo 1.163/1986, de 13 de junho, que complementa a Lei 42/1975 sobre dejetos e resíduos sólidos urbanos e que é a transposição da Diretiva 75/442/CEE, de 15 de julho de 1975, resume os objetivos desse Centro: "[...] coleta e tratamento dos dejetos e resíduos sólidos urbanos em vista da proteção do meio ambiente e do aproveitamento de tais dejetos e resíduos mediante a adequada recuperação dos recursos neles contidos". Trata-se, em outros termos, de tornar possíveis estes objetivos últimos:

- Conservação e economia de energia.
- Conservação e economia de recursos naturais.
- Diminuição do volume de resíduos que devem ser eliminados.
- Proteção do Meio Ambiente.

A Diretiva do Conselho (91/156/CEE), de 18 de março de 1991, relativa aos resíduos, cria o termo "Valorização" para as operações enumeradas de forma genérica, de reciclagem, novo uso, recuperação ou qualquer outra ação destinada a obter matérias-primas secundárias. Além disso, define a Gestão de Resíduos como o conjunto de atividades destinadas a dar a estes a destinação mais adequada e de acordo com suas características [...] compreendendo as operações de coleta, armazenamento, transporte, tratamento, eliminação e as operações de transformação necessárias para sua reutilização, sua recuperação ou sua reciclagem.

Em toda a legislação relativa aos Resíduos Sólidos Urbanos inclui-se, de uma forma ou de outra, a aplicação de programas para a educação dos consumidores e dos fabricantes, que constitui um dos objetivos do Centro de Educação Ambiental que prevê, para tanto:

- Incentivar a reflexão sobre os problemas ambientais que a gestão dos resíduos implica.
- Estimular a redução dos dejetos, favorecer a reutilização de produtos recuperados, bem como o uso de produtos reciclados.

As funções globais do centro serão as seguintes:

1. Centralizar a coleta de resíduos passíveis de ser reciclados, recuperados ou reutilizados. A seção responsável por este serviço será denominada "Ponto Limpo". Constará de um centro de coleta direta e gerenciará um serviço de coleta domiciliar e industrial.
2. Tratar alguns dos resíduos coletados para a reutilização destes ou de alguns de seus componentes. Essa área recebe a denominação de Centro de Tratamento de Resíduos, e sua gestão está intimamente ligada à do Ponto Limpo.
3. Ser centro de transferência de resíduos não-recicláveis ou reutilizáveis, transferindo-os para outros administradores autorizados.

4. Educar a população à qual serve para a conscientização ecológica, tanto para a coleta de produtos destinados à reciclagem no centro como em relação àqueles aspectos que redundem na consecução dos fins genéricos de proteção do Meio Ambiente. A previsão é de que esse objetivo seja atingido mediante a adequação de um Centro de Educação Ambiental nesse mesmo estabelecimento. Nesse centro serão desenvolvidos os programas de educação necessários.

Sempre que possível, dar-se-á rentabilidade econômica aos procedimentos da reciclagem. Para os produtos que sejam suscetíveis de venda ao público, será criado um ponto de venda direta.

A Coordenadoria contra o Desemprego, por meio do Projeto Amanhecer, colabora em uma rede de trabalho trans-regional na qual participam várias organizações espanholas como a Ataretaco de Tenerife, a Fundación Trinijove de Barcelona, a Fundación Deixalles de Palma de Mallorca e a Fundación Mestral de Menorca.

Além disso, com esse projeto, participa-se de uma rede transnacional juntamente com o Coordinamento Nazionale di Comunità di Accoglienza da Itália e Epirotiki Efpedektiki S. A. de Ioannina, na Grécia.

A participação nessas redes de trabalho tem os seguintes objetivos:

- Intercâmbio de conhecimentos e técnicas, idéias e experiências.
- Estabelecimento de um modelo de trabalho para a reintegração de desempregados de longa duração no emprego que possa ser aplicável a todos os estados membros do grupo.

- Criação de um método conjunto de formação de formadores.
- Desenvolvimento de produtos comuns: audiovisuais, documentos.
- Desenvolvimento e valorização de produtos da reciclagem.

Com esse projeto e as atuações formativas que neste momento já estão sendo desenvolvidas, espera-se solucionar os problemas sociolaborais de alguns concidadãos e resolver, em parte, problemas ambientais que afetem nossa sociedade.

Desenvolvemos também outras ações, como as seguintes:

### Limpeza de praias

A Coordenadoria contra o Desemprego de Torrelavega e Comarca apostou seriamente no meio ambiente, estimulada pela crescente preocupação e conscientização governamental em todos os temas ligados a isso. As conversações em torno desses novos nichos de emprego foram muito freqüentes nos últimos anos, e com isso se pretende pôr fim aos problemas de nosso tempo, como: as altas taxas de desemprego características de todos os países e o cuidado do meio ambiente.

Atendendo às características dos desempregados de longa duração, com escassa formação profissional e poucas habilidades, a Coorcopar procurar soluções para esse grupo, relacionadas com o meio ambiente. Pensou-se que não era necessária uma qualificação muito especial para esse tipo de trabalhos e que essa podia ser uma oportunidade única. A partir desse instante, a grande tarefa foi orientar, dentro de um campo tão amplo, o trabalho que essas pessoas podiam desenvolver, levando em conta suas características.

Nessa tarefa, levaram-se em conta as necessidades de nosso entorno próximo, bem como as de nossa região. A escassa superfície de nossa região permitia pensar em atividades espalhadas por diferentes pontos, visto que não se levaria muito tempo para chegar até eles.

A Cantábria está envolvida em uma profunda transformação, na qual o turismo está ganhando pontos. A partir do Governo Regional, se está estimulando ou orientando a política econômica para a criação de estruturas em investimentos nesse campo. Esse setor apresenta-se como uma alternativa à criação de gado, que foi e continua a ser, embora em menor medida, o motor fundamental da Comunidade Autônoma. Incentivou-se o turismo rural, oferecendo subvenções para aquelas pessoas que queiram transformar suas casas de campo e até os antigos estábulos em casas de campo para aluguel. Instalados nessas casas, os turistas poderiam chegar mais fácil e rapidamente às regiões costeiras e à montanha.

Considerando essas premissas e que um dos maiores atrativos da Cantábria são justamente suas praias, elaborou-se um plano de limpeza e manutenção destas. No início, esse plano estava restrito aos meses de verão, nos quais as praias recebem um número elevado de visitantes.

O Governo Regional viu com bons olhos a nossa iniciativa e nos deu todo apoio.

O projeto contemplava a limpeza dos 42 quilômetros da faixa de areia de Cantábria, divididos num total de 58 praias. A limpeza das praias não se restringe apenas à faixa de areia, mas se estende também a outras áreas anexas. Dessa maneira, podemos definir que o conceito de praia compreende mais serviços, que envolvem parte de seu entorno e os acessos, no caso, as dunas, chuveiros, escadarias, encostas, cestos de lixo da praia e algumas vezes os estacionamentos. Nesses casos, naqueles lugares afastados do centro costuma haver povoados em que se observa um certo abandono, e nós nos encarregamos deles.

A campanha de limpeza de praias é composta por 67 trabalhadores distribuídos da seguinte forma: 57 empregados treinados, que estão organizados em 7 grupos, cada um com um chefe. As funções do chefe são as de se encarregar da camionete, do material, detectar as necessidades, comunicar incidentes e organizar as tarefas diárias; dois motoristas de caminhão, cujas funções são a de direção, carga e descarga do caminhão e manutenção deste; seis técnicos cujas funções são: coordenação de equipes, distribuição do trabalho, elaboração de relatórios e projetos e coordenação com outras entidades; dois funcionários administrativos com funções de gestão de pessoal e faturamento.

Das 67 pessoas que trabalham no Departamento de Praias, um total de 59 pessoas eram desempregados de longa duração no momento de sua contratação e apresentavam riscos de exclusão social e marginalização.

As atividades realizadas nesse projeto são:

*Coleta de lixo*: consiste em um trabalho manual de coleta de resíduos tanto da praia como dos acessos, cuja origem em geral se deve ao descuido dos visitantes. São resíduos domésticos praticamente compostos de embrulhos, restos de comida, embalagens, guardanapos de papel etc. Essa coleta é feita diariamente, observando-se maior quantidade de resíduos nos feriados e fins de semana em que as praias são mais concorridas. Por outro lado, os operários se encarregam de retirar e recolocar os sacos de lixo dos contêineres situados dentro da praia, evitando assim que se produza mau cheiro.

*Retirada dos detritos trazidos pela maré*: esses detritos acumulam-se no rastro deixado pela maré-cheia e que, dependendo da época e da região, pode ser maior ou menor, já que sua densidade costuma ser medida pelo surgimento de algas e estas podem chegar a cobrir uma parte importante da superfície da praia. Essa situação ocorre mais em meados de agosto e é mais freqüente em algumas regiões que em outras. Para essa tarefa, conta-se com um trator e reboque, que geralmente são providenciados pelas Prefeituras envolvidas. Isso facilita e agiliza notavelmente a coleta e a retirada. Os detritos deixados pela maré são primeiramente recolhidos em montes ao longo da linha da maré. Há praias importantes cujo acesso é impossível para o trator ou outro veículo. Aqui os resíduos precisam ser extraídos manualmente, superando fortes encostas ou importantes distâncias.

*Limpeza de acessos*: inclui os chuveiros e as escadas. Também os espaços adjacentes como estacionamentos, dunas ou ladeiras das encostas são objeto de intervenção. Existem áreas descuidadas pelas Prefeituras, algumas vezes porque a freqüência da coleta de lixo e limpeza não é a ideal, outras porque a distância até o núcleo do povoado encarece o serviço, outras ainda porque dão prioridade a algumas praias do município em detrimento de outras e talvez porque alguns acessos exigem muito esforço das prefeituras. Seja como for, a sensação de abandono nesses lugares é notória e de nada adianta manter uma praia limpa se os arredores não convidam a aproveitá-la.

Existe colaboração com outras entidades.

*Prefeituras*. A colaboração das entidades locais nas tarefas de limpeza de áreas de seu Município se torna imprescindível para obter uma adequada gestão dos resíduos. O custo desses trabalhos é alto e é preciso que as Prefeituras dêem a sua contribuição. Essa colaboração se traduz na colocação de tubos ou contêineres, maior freqüência de coleta dos resíduos e disposição de tratores para o transporte dos resíduos.

*Governo da Cantábria*. O Governo de Cantábria dispõe de cinco peneiras espalhadas pelo litoral. A função que realizam é básica e precisa ser bem organizada para que todas as praias recebam um cuidado adequado.

*AMICA*. Essa associação é a encarregada da gestão dos Pontos Limpos praianos, lugares em que se deposita o lixo de forma seletiva. Conciliando os horários e visitas da *Amica* e da *Coorcopar*, consegue-se agilizar a coleta de lixo de tal forma que se torna mais fácil a retirada de resíduos e o cuidado e manutenção de pontos limpos e de seus arredores.

*Empresa de Resíduos da Cantábria*. A Secretaria do Meio Ambiente e Organização do Território, por intermédio da Empresa de Resíduos da Cantábria (ERC), exerce o controle da gestão e oferece apoio técnico, realizando reuniões para coordenar, priorizar e revisar os trabalhos, assim como a resolução de problemas concretos.

Essa experiência foi realizada durante um verão para observar o funcionamento e analisar os resultados obtidos. Posteriormente, uma vez terminada essa primeira campanha, e diante dos bons resultados obtidos, definiu-se uma segunda campanha a ser realizada durante todo o ano, produzindo-se assim uma renovação dos contratos do pessoal.

**Limpeza de rios**

Os bons resultados obtidos com a campanha de limpeza de praias e a enorme difusão social que alcançou entre a população, animou a Coordenadoria contra o Desemprego a promover um Plano de Emprego Regional que consiste em aplicar aos rios da região uma atuação semelhante à efetuada nas praias. Tal plano contemplava a contratação de 240 desempregados de longa duração, de toda a região. Esse plano se concretizou posteriormente em um convênio entre o INEM e a Administração Regional. A contratação se realizou através da Empresa de Resíduos da Cantábria, pertencente à Secretaria do Meio Ambiente do Governo da Cantábria.

O INEM e o Governo da Comunidade da Cantábria assumiram o financiamento, deixando a direção e a coordenação técnica para a Coordenadoria contra o Desemprego, promotora desse plano de emprego.

Esse plano começou em outubro de 1998 e atualmente todo o pessoal continua trabalhando com seu respectivo contrato.

Os beneficiários desse plano de emprego são 240 pessoas no total. Estão distribuídos em grupos de trabalho, do mesmo modo que no caso das praias. Os diferentes grupos responsabilizam-se por uma área no vale que lhes corresponde, sempre levando em conta seu domicílio para evitar grandes deslocamentos e perda de tempo nestes.

Entre essas 240 pessoas incluem-se os técnicos encarregados de vigiar e controlar o trabalho realizado pelas equipes, distribuindo e coordenando seu serviço, assim como os administrativos.

O trabalho desenvolvido consiste em:

*Limpeza do leito.* As equipes se encarregam da limpeza do leito do rio, recolhendo todos aqueles resíduos que se encontrarem ali. Esses resíduos podem estar no lugar em que são recolhidos por terem sido jogados diretamente ou porque o rio, em suas enchentes, arrasta tudo o que encontra pelo caminho.

*Depósitos de lixo clandestinos.* As margens dos rios convertem-se com freqüência em depósitos de lixo clandestinos de magnitude variável, quando os acessos a esse ponto são fáceis. As estradas que passam pela margem do rio, em regiões despovoadas, são o lugar típico em que se encontram esses depósitos. Neles se pode encontrar todo tipo de material, que podem variar desde animais mortos até veículos abandonados.

*Regiões próximas do rio.* Os trabalhos não se realizam sempre no interior do leito do rio, mas é preciso cuidar também do entorno, especialmente em alguns lugares utilizados pelos banhistas, limpando o acesso. É preciso levar em conta também que o rio, durante as cheias, chega até lugares inusitados, que é preciso limpar depois.

A limpeza dos rios deve ser realizada com atenção e esmero, cuidando para que esse trabalho não acarrete uma destruição de suas margens e dos seres que, devido a suas condições, habitam esse lugar.

Como explicamos anteriormente, existem colaborações com o INEM, que em certo momento foi o encarregado de fazer a seleção do pessoal e co-financiou a contratação, e com a Empresa de Resíduos da Cantábria, que efetuou a contratação dos empregados.

Além disso, ocorre também uma cooperação com as Prefeituras, que demandam a presença das equipes em determinados pontos, devido a situações de necessidade, ao mesmo tempo em que oferecem os meios de que dispõem se necessário.

# Possibilidades ambientais e sociais do entulho

*María José Asensio Coto**
*Irene Correa Tierra**
*Blanca Miedes Ugarte**

## 1. Introdução

A realidade que implica viver em uma sociedade consumista, aliada ao fato de que somos cada vez em maior número os que habitamos este planeta azul, obriga-nos a estudar como gerir adequadamente os recursos limitados e aqueles outros que, sendo virtualmente ilimitados por ser renováveis, não conseguem adaptar essa renovação à taxa de exploração a que são submetidos pela ação humana (é o caso do petróleo).

Empreender essa tarefa de gestão com relação a esses recursos que consideramos essenciais em nossa vida adquire uma

* Docentes da Universidade de Huelva.

grande importância, motivo pelo qual ela está sendo objeto de uma investigação cada vez mais qualificada no interior dessa nova corrente constituída pela Economia Ambiental. Dedicamo-nos "ao estudo da outra face da moeda": consideramos importante saber como utilizar os recursos naturais de maneira sustentável para assegurar sua sobrevivência a longo prazo, de modo a atender as necessidades das futuras gerações. Por outro lado, o problema do incontrolável crescimento demográfico em certas regiões do mundo volta a dar algum sentido — tendo em conta as objeções que todos conhecem — às idéias de Malthus (Rubio, 1997).

Contudo, estamos convencidos de que — a nosso ver — é prioritário dar a devida importância à criação de fórmulas para um melhor gerenciamento dos resíduos (de qualquer tipo) produzidos pelas sociedades atuais. Os escassos recursos com que contamos não apenas desaparecem ao ser extraídos, mas podem desaparecer também ao ser prejudicados, contaminados ou alterados de algum modo pela atividade humana. Portanto, além do aproveitamento do aproveitável, temos de controlar o efeito de nossas atividades no meio para favorecer a conservação dos recursos disponíveis.

Os *outputs* (dejetos, efeitos negativos da atividade produtiva) originados por nós podem ter conseqüências não só no curto prazo, mas no longo. É nossa obrigação reconhecer a importância que têm em seu conjunto já que se mantêm latentes durante um tempo desconhecido e impreciso e podem gerar no futuro conseqüências que não podem ser ignoradas na atualidade.

## 2. Resíduos sólidos urbanos. Os entulhos

Segundo o artigo 3 da Lei nº 10/1998, de 21 de abril, de Resíduos[1], por "resíduos urbanos ou municipais" podemos entender:

> "[...] os gerados nos domicílios particulares, comércios, escritórios e serviços, assim como todos aqueles que não tenham a qualificação de perigosos e que, por sua natureza ou composição, possam ser assimilados aos produzidos nos lugares ou atividades anteriores.
>
> Serão igualmente considerados resíduos urbanos os seguintes:
>
> Resíduos procedentes da limpeza de vias públicas, áreas verdes, áreas de lazer e praias.
>
> Animais domésticos mortos, assim como móveis, utensílios e veículos abandonados.
>
> Resíduos e entulhos procedentes de obras menores de construção e reparos domiciliar. [...]"

Estes últimos resíduos citados costumam ser conhecidos como inertes por ser aqueles que, uma vez lançados nos depósitos de lixo, não sofrem nenhum tipo de transformação posterior importante.

Este tipo de resíduo procede de demolições de construções, de recuperação de edifícios ou de novas construções. Esclarecendo um pouco mais sua natureza, podemos ver a classificação dos resíduos de construção, comumente conhecidos como *entulho*, segundo o tipo de atividade de que provenham (Aguilar, 1997).

Nosso trabalho está centrado nesses resíduos que a lei menciona em último lugar, sobre os resíduos de construção e demoli-

---

1. BOE, n. 96, 22 abr. 1998.

| Atividade | Objeto | Principais componentes |
|---|---|---|
| Demolição | Moradias | Antigas: alvenaria, tijolos, madeira, gesso, telhas.<br>Recentes: tijolos, concreto, ferro, aço, metais e plásticos.<br>Industriais: concreto, aço, tijolos, alvenaria.<br>Serviços: concreto, tijolos, alvenaria, ferro, madeira.<br>Alvenaria, ferro, aço, concreto armado. |
| Construção | Escavação.<br>Edificação e Obras Públicas<br>Consertos e manutenção<br>Reconstrução e reforma | Terras.<br>Concreto, ferro, aço, tijolos, blocos, telhas, materiais de cerâmica, plásticos, materiais não ferrosos.<br>Terra, pedra, concreto, produtos betuminosos. Moradias: cal, gesso, madeira, telhas, materiais cerâmicos, pisos, tijolos.<br>Outros: concreto, aço, alvenaria, tijolos, gesso, cal, madeira. |

ção, os quais se caracterizam por constituir o resíduo de maior volume gerado por um país desenvolvido, aspecto no qual a província de Huelva não seria diferente.

Em 7 de janeiro deste ano, o Conselho de Ministros aprova o Plano Nacional de Resíduos Urbanos, em que se estabelecem alguns objetivos gerais, que mais tarde cada uma das comunidades deverão preencher e levar a termo. Assim, em sua introdução, comenta-se como o Plano se desenvolve por meio dos objetivos relativos a:

- Estabilizar a produção.
- Implantar a coleta seletiva.
- Reduzir, recuperar, reutilizar e reciclar os resíduos de embalagens.

- Valorizar a matéria orgânica dos resíduos urbanos e eliminar de forma segura as partes não recuperáveis ou valorizáveis destes.

Este Plano procura realizar uma combinação de soluções para cada tipo de resíduos de forma muito particular para assim chegar a uma solução global para o problema, de interesse cada vez maior, que o tratamento dos resíduos urbanos supõe.

A Junta de Andaluzia, no propósito de atender em nossa Comunidade aos objetivos estabelecidos tanto pelo Estado como pela União Européia, aprovou, em 26 de outubro de 1999, o Decreto 218, o Plano Diretor Territorial de Gestão de Resíduos para a Comunidade Autônoma. Esse plano realiza estimativas de produção de entulho e restos de obras em cada uma das províncias, em função da população, e estabelece por sua vez três objetivos muito concretos:

- Redução do volume de resíduos.
- Aumento dos volumes de reutilização e reciclagem.
- Depósito controlado dos materiais que não sejam reutilizáveis ou recicláveis.

Deve-se procurar alcançar esses objetivos providenciando as seguintes instalações:

- Centro de Coleta e Seleção Prévia.
- Estabelecimentos de Tratamento.
- Depósito controlado.

No nível estadual, a Assembléia dos Deputados de Huelva é a responsável pela realização dos estudos necessários para que os diferentes objetivos assinalados nessa matéria cheguem a se realizar adequadamente[2].

## 3. Aproveitamento do entulho. Mapa provincial

A tendência atual — que constitui uma mudança muito importante no que diz respeito à problemática que estamos vivendo — é a limitação da produção dos diferentes resíduos e a tentativa de reutilizá-los.

Esse é o interesse de toda a sociedade, e os responsáveis legais e territoriais, ao se erigir em porta-vozes desse sentimento generalizado, trabalham e apóiam todo projeto que consideram adequado para a consecução desse objetivo. Assim surge o projeto que atualmente está sendo realizado na Universidade de Huelva, denominado "O aproveitamento do entulho. Mapa provincial de Huelva", promovido e idealizado pela Associação Tierra Nueva e financiado pela Assembléia Legislativa de Huelva.

Cada um dos três organismos tem uma finalidade própria, intenções que, unidas, trabalham em busca de uma sinergia que faça com que cada um dos objetivos originários seja atingido e ultrapassado. Assim, a Assembléia providencia os estudos necessários para conhecer qual é a situação real da gestão que cada um dos municípios realiza em relação aos entulhos; a Universidade, por sua vez, pretende realizar esses estudos (abrindo uma

---

2. INGENIERÍA DE PROTECCIÓN AMBIENTAL. Plan Director de Gestión de Residuos Sólidos Urbanos de la Provincia de Huelva (1997-2001), Tomos I e II, Diputación Provincial de Huelva, Huelva.

linha de pesquisa de enorme interesse) e estabelecer os alicerces para desenvolver nossa província de uma forma sustentável tanto no âmbito social como no do meio ambiente; a Associação Tierra Nueva, por fim, pretende encontrar nessa área de tão rápido crescimento e possibilidades um campo de trabalho para jovens com dificuldades especiais para a inserção laboral devido a uma grande diversidade de problemáticas.

Podemos detalhar uma série de vertentes que conferem a essa pesquisa sobre o meio ambiente de Huelva, que estamos realizando, uma importância singular. Elas supõem o emprego de uma:

- Perspectiva de *Desenvolvimento Local*, pois situa em Huelva seu âmbito de ação, criando um projeto "sob medida" que se configura em um território com algumas peculiaridades socioeconômicas bem conhecidas. *Trata-se de uma aposta na promoção de um território em sua busca constante do equilíbrio regional.*
- Perspectiva de *Desenvolvimento Econômico*, estreitamente relacionado com o anterior, pois, desse ponto de vista, aposta-se na viabilidade de explorar um possível "nicho de mercado". *Trata-se de uma aposta na criação de riqueza.*
- Perspectiva de *Desenvolvimento Social*, pois se pretende promover a inserção laboral de grupos marginalizados socialmente. *Trata-se de uma aposta na criação de emprego.*
- Perspectiva de *Economia Ambiental*: é a aposta por novas formas de economia, eliminando uma parte importante das conseqüências negativas que um setor tão dinâmico como a construção supõe.

O estudo está atualmente em sua primeira fase. Está sendo estudada a situação real da região no que se refere a resíduos desse tipo: as diferentes formas de gestão ou a inexistência destas. Pretende-se descobrir o que cada um dos agentes municipais está realizando.

Ao se procurar uma solução ideal para o caso da província, torna-se necessário quantificar o volume de produção e a composição dos entulhos gerados. Contudo, isso se depara com a realidade que supõe a inexistência de dados confiáveis e a ausência de meios técnicos para obtê-los.

Como referência parcialmente válida, podemos recorrer aos números de produção de resíduos de construções de diferentes países da União Européia, dados que resumimos a seguir:

| **País** | **Produção (milhões de toneladas)** | **Produção *per capita* (kg/hab./ano)** | **Observações** |
|---|---|---|---|
| Alemanha | 53.000 | 880 | Só a antiga RFA |
| Bélgica | 7.000 | 700 | (1) |
| Dinamarca | 6.500 | 1.275 | |
| Espanha | 11.000 | 285 | (2) |
| França | 30.400 | 580 | Dados de 1978 |
| Holanda | 14.000 | 940 | |
| Irlanda | 400 | 110 | (1) |
| Itália | 2.750 | 50 | Dados de 1977 (3) |
| Luxemburgo | 48 | 485 | Dados de 1976 (3) |
| Portugal | 400 | 45 | (1) |
| Reino Unido | 50.000 | 900 | (1) |

(1) Não inclui terra de escavação nem RC provenientes de obras públicas.
(2) Só inclui resíduos de demolição de edifícios.
(3) Inclui resíduos de demolição e de construção de novos edifícios.

Um cálculo aproximado dos resíduos de construção na União Européia leva a uma estimativa de 175 milhões de toneladas por ano (Lauritzen e Hahn, 1999).

Como vimos no quadro anterior, os dados de cada país são totalmente diferentes e divergentes tanto nas quantificações quanto nos conceitos que se incluem neles.

Seguindo o que sugere a legislação da Andaluzia, usaremos como base os dados extraídos dos estudos realizados tanto na província de Sevilha como na de Córdoba, a partir dos quais foram obtidas estimativas da produção de entulho nos municípios em função de sua população. A média na Comunidade da Andaluzia gira em torno de 5 kg/hab./dia[3].

Na província de Huelva essas quantidades são consideradas *a priori* válidas, mas precisam ser corroboradas por um estudo próprio, já que as particularidades daquela área como província costeira e a situação atual de auge impressionante da construção leva a pensar na possibilidade de que as quantidades sejam superiores a essa média.

O estudo da gestão que cada um dos municípios da província está realizando permite-nos agrupar todos eles em dois grandes grupos: os que já começaram a trabalhar no tratamento dos resíduos e aqueles que ainda não começaram, seja por não saber como abordá-lo, seja por não lhe darem suficiente importância.

Sobre o primeiro grupo, vamos destacar as iniciativas realizadas por alguns povoados da costa, nos quais se têm uma certa intenção de organizá-los em conjunto, como se faz com

---

3. BOJA, n. 134, 18 nov. 1999, p. 14.881.

outros serviços como a água. Quanto aos povoados da Associação Comunal Cuenca Minera, por sua vez, já foram construídos em cada um deles pontos de transferência para levar o entulho produzido no município desde esses pontos para um depósito de lixo consorciado, uma destinação que ainda precisa ser determinada.

Generalizando sobre a situação dos municípios integrantes do segundo grupo, já que cada um possui características próprias, podemos dizer que os lançamentos de entulhos estão sendo realizados de uma forma totalmente sem controle e ilegal. Contudo, essa situação é plenamente conhecida por todos, até mesmo pelos responsáveis municipais que muitas vezes não vêem outra opção. É muito normal encontrar pequenos montes de entulhos nos acostamentos das estradas, nas curvas e em outras regiões. Esse fato, contemplado (conceitualmente) da perspectiva da reutilização, não seria totalmente incorreto: o entulho, uma vez selecionado e limpo, é ideal para recuperar áreas degradadas. Contudo, para uma aplicação produtiva e enriquecedora do objetivo perseguido, seria necessária exercer algum controle sobre eles para poder evitar que esses espaços se transformassem em mero depósito de lixo.

Segundo Lauritzen e Hahn (1999), um programa efetivo para aumentar a reutilização dos resíduos da construção — que constitui um de nossos objetivos — poderia incluir os seguintes passos:

1) Cálculo das quantidades de produção.

2) Adoção e desenvolvimento de meios técnicos apropriados para a demolição, a manipulação e o processamento dos resíduos de construção.

3) Estabelecimento das medidas apropriadas para a reciclagem de materiais juntamente com a fixação de alguns padrões e um sistema de controle da qualidade que possam documentar a aplicabilidade desses materiais.

4) A gestão e regulamentações que possam garantir a aplicabilidade do processo de reciclagem a uma situação, dadas as condições atuais da indústria de construção.

Em nosso projeto, depois de obter toda a documentação e informação sobre a situação que vive nossa província e divulgá-la com todos os meios de informação de que dispomos, o próximo passo seria buscar a solução ambiental adequada. Essa passaria necessariamente pela localização do ponto ou dos pontos melhor situados para lançar os resíduos, depois de selecionar entre eles as partes com possibilidades de ser recicladas ou reutilizadas.

É neste último aspecto que situaríamos a faceta social desse projeto: o trabalho seria realizado por jovens da região que apresentam algum tipo de problema ou dificuldade de origem social para se integrar em nosso mercado de trabalho. Com esse projeto, procurar-se-ia aproveitar os nichos de mercado suscitados pelo auge do setor ambiental e os postos de emprego que estão surgindo ao redor deste.

Portanto, a finalidade última de nosso trabalho seria a consecução do objetivo de melhoria ambiental, tão demandado pela sociedade atual, intimamente unido ao benefício social que seria proporcionado pela integração de setores da população com dificuldades.

## 4. Conclusões

Os trabalhos realizados até hoje, nos levaram a conhecer a desregulamentação prática que existe nos municípios em relação ao entulho. Há muitas limitações técnicas para conhecer a quantidade exata de material desse tipo produzido em nossa província.

O elevado custo do transporte entre pontos de depósito e reciclagem, por outro lado, é algo que deve ser levado em conta quando se procura estudar uma possível melhoria na gestão desse tipo de resíduos.

A necessidade de implantar padrões de depósito de lixo devido ao custo que suporia a realização de um gerenciamento adequado desses materiais alimenta a dúvida nos responsáveis municipais, por considerar que grande parte da população não estaria disposta a pagar essa diferença.

Como em todo estudo que seja realizado em relação ao meio ambiente, chegamos finalmente à conclusão de que a consciência da população a esse respeito é essencial e às vezes determinante. Todos queremos melhorar nosso meio ambiente, mas nem sempre estamos dispostos a pagar mais por isso. Nesse sentido, qualquer melhoria implica uma profunda mudança na sociedade, sob o aspecto econômico e da perspectiva das idéias.

Cabe aos agentes locais e educadores contribuir para a promoção dessa necessária mudança, pois dela dependerá — juntamente com o esforço para melhorar em outros aspectos — um futuro melhor para todos.

## Referências bibliográficas

AGUILAR, A. Reciclado de materiales de construcción. *Residuos*, n. 2, 1997.

BOE, n. 96, 22 abr. 1998.

BOJA, n. 134, 18 nov. 1999, p. 14.881.

CONSEJERÍA DE MEDIO AMBIENTE. Aprobado el Plan Director Territorial de Gestión de Residuos Sólidos Urbanos de Andalucía 1999-2008. *Al día*, n. 85, nov. 1999.

INGENIERÍA DE PROTECCIÓN AMBIENTAL. Plan Director de Gestión de Residuos Sólidos Urbanos de la Provincia de Huelva (1997-2001), tomos I e II, Diputación Provincial de Huelva, Huelva.

LAURITZEN, E. & HAHN, N. Producción de residuos de construcción y reciclage. Disponível em: http://www.habitat.aq.upm.es/boletín/n2/aconst2html (visitado em 15 nov. 1999).

MOPT. *Residuos Sólidos Urbanos*. Centro de Publicaciones, Secretaria General Técnica, Ministerio de Obras Públicas y Transporte. Madrid, 1992.

RUBIO, B. *Estado actual de la Población. Teoría y Práctica*. Madrid, 1997, p. 135 e s.

**GRÁFICA PAYM**
Tel. (011) 4392-3344
paym@terra.com.br